职业教育信息技术类专业"十三五"规划教材

After Effects CC 2018
从入门到实战

主　编　苏　艳

副主编　辉晓麟　朱慧群

中国铁道出版社有限公司
CHINA RAILWAY PUBLISHING HOUSE CO., LTD.

内 容 简 介

本书采用项目引领、任务驱动的教学方式编写，全书共分 8 个项目，内容包括：基础动画的制作，绘画形状工具、遮罩和轨道的应用，空间动画的制作，文字动画的制作，抠像技术的应用，炫彩特效的制作，动漫特效的制作，以及综合实例的制作。本书注重对学生实际应用能力的培养，通过学习实际的项目案例，让学生掌握动画制作技术和软件应用方法，真正地接触社会、企业、客户，增强他们的创新意识，提高他们的应用能力。

本书适合作为职业院校相关专业的教材，也可作为培训机构的教材，以及影视合成爱好者的参考用书。

图书在版编目（CIP）数据

After Effects CC 2018 从入门到实战 / 苏艳主编 . —北京：
中国铁道出版社有限公司，2020.6（2022.7 重印）
职业教育信息技术类专业"十三五"规划教材
ISBN 978-7-113-26404-8

Ⅰ . ① A… Ⅱ . ①苏… Ⅲ . ①图象处理软件 – 职业教育 –
教材 Ⅳ . ① TP391.413

中国版本图书馆 CIP 数据核字（2020）第 063314 号

书　　名：After Effects CC 2018 从入门到实战
作　　者：苏　艳

策　　划：邬郑希　　　　　　　　　　　编辑部电话：（010）83527746
责任编辑：邬郑希　彭立辉
封面设计：刘　颖
责任校对：张玉华
责任印制：樊启鹏

出版发行：中国铁道出版社有限公司（100054，北京市西城区右安门西街 8 号）
网　　址：http://www.tdpress.com/51eds/
印　　刷：国铁印务有限公司
版　　次：2020 年 6 月第 1 版　2022 年 7 月第 2 次印刷
开　　本：787 mm×1 092 mm　1/16　印张：13.75　字数：300 千
书　　号：ISBN 978-7-113-26404-8
定　　价：52.00 元

前　言

After Effects 是一款专业的视频编辑设计软件，2018 版中随附了许多新增的创新功能，如 360/VR 过渡、GPU 加速改进、动态图形模板改进等。从事动态影像的专业人员、视频特效制作人员、网页设计人员以及电影和视频专业人员都可以使用本软件进行图片合成、动画和特效的制作。

本书摒弃了以往只沉溺于对学生专业技巧的培养而忽视对学生实际应用能力培养的做法，引入了企业的实际项目案例，采用项目引领、任务驱动的方式，让学生真正地接触社会、企业、客户的实际案例，增强他们的创新意识，提高他们的应用能力。全书共分为 8 个项目，内容包括：基础动画的制作，绘画形状工具、遮罩和轨道的应用，空间动画的制作，文字动画的制作，抠像技术的应用，炫彩特效的制作，动漫特效的制作，以及综合实例的制作。本书配套课程平台 http://moocl.chaoxing.com/course/205409348/html，部分任务配有微课视频，方便学生扫描二维码观看学习。

本书内容丰富，结构清晰，实例典型，有助于学生在较短的时间内掌握 After Effects CC 2018 的应用。

本书的参考学时为 96 学时，其中实践环节为 48 学时。

项　　目	课程内容	学时分配	
		讲　授	实　训
项目一	基础动画的制作	6	6
项目二	绘画形状工具、遮罩和轨道的应用	6	6
项目三	空间动画的制作	6	6
项目四	文字动画的制作	6	6
项目五	抠像技术的应用	3	3
项目六	炫彩特效的制作	9	9
项目七	动漫特效的制作	6	6
项目八	综合实例的制作	6	6
合　　计		48	48

本书由苏艳任主编，辉晓麟和朱慧群任副主编，参与本书编写的人员有姚晖、胥瑾婷、霍燕。

由于计算机技术发展非常迅速，加之编者水平有限，书中疏漏与不妥之处在所难免，敬请广大读者和同行批评指正。

编　者

2020 年 3 月

目　录

项目一
基础动画的制作

本项目主要讲解运用 After Effects CC 2018 制作基础动画，首先介绍基本工作流程（包括素材导入，新建项目，添加滤镜，添加关键帧，视频输出），然后讲解关键帧的操作以及 Position（位置）、Scale（缩放）、Rotation（旋转）和 Opacity（不透明度）四大基本属性以及动画制作。

能力目标

◎ 会修改 Position（位置）的参数并掌握位移动画。

◎ 会修改 Scale（缩放）的参数并掌握缩放动画。

◎ 会修改 Rotation（旋转）的参数并掌握旋转动画。

◎ 会修改 Opacity（不透明度）的参数并掌握不透明度动画。

◎ 会制作关键帧动画。

◎ 会使用 CC Lens（CC 镜头）特效制作动画。

素质目标

◎ 培养学生热爱校园文化。

◎ 培养学生熟知学校校徽和校训。

任务一　制作变化的校徽

任务二　制作校训动画

任务三　制作幸运四叶草

任务四　制作倒计时动画

任务一　制作变化的校徽

 任务描述

本任务将完成校徽变化的动画。通过本任务的学习，应掌握基本工作流程以及"CC Lens（CC 镜头）"特效的应用。

 学习目标

◎掌握基本工作流程。

◎掌握 CC Lens（CC 镜头）特效的使用。

方法与步骤

1. 新建合成

01 启动 After Effects CC 2018 软件后，选择"文件"→"导入"→"文件"命令，在"导入"对话框中选中 LOGO.psd 文件，单击"导入"按钮，然后在导入种类中选择"合成－保持图层大小"，接着在图层选项中选择可编辑的图层样式，最后单击"确定"按钮，如图 1-1-1 所示。

02 在"项目"面板空白处双击，在打开的"导入文件"对话框中选中 BG.jpg 文件，单击"导入"按钮，如图 1-1-2 所示。

图 1-1-1

图 1-1-2

03 选择"文件"→"新建合成"命令，创建一个预设为 PAL D1/DV 的合成，命名为"变化的校徽"，设置宽度为 720 px，高度为 576 px，持续时间为 3 秒，如图 1-1-3 所示。

04 在"项目"面板中，同时选中 BG.jpg 和 LOGO.psd 两个素材，拖动到时间轴面板中。

2. 添加 CC Lens（CC 镜头）特效

01 在时间轴面板中选中 LOGO 图层，选中"特效"→"扭曲"→"CC Lens（CC 镜头）"命令，为其添加 CC Lens（CC 镜头）特效。

02 设置 CC Lens（CC 镜头）中 Size（大小）属性的动画关键帧，在时间轴为 0 秒时，单击 Size（大小）前的码表按钮，创建关键帧，并设置数值为"0"，如图 1-1-4 所示。

图 1-1-3   图 1-1-4

03 拖动时间轴为 2 秒的时候，修改 Size（大小）的数值为"2"，系统自动为其创建关键帧，如图 1-1-5 所示。

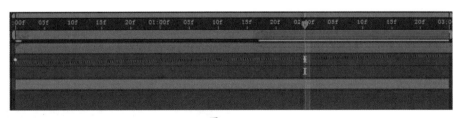

图 1-1-5

3. 视频输出

01 单击"预览"面板中的"播放"按钮，预览画面效果，如图 1-1-6 所示。

02 选择"合成"→"添加到渲染队列"命令，进行视频的输出工作。

图 1-1-6

03 单击输出选项，然后打开"输出影片"对话框，指定输出路径，最后单击"渲染"按钮，完成渲染。

最终效果如图 1-1-7 所示。

知识与技能

◎ CC Lens（CC 镜头）特效：可以变形图像来模拟镜头扭曲的效果。

◎ Center（中心）：设置效果中心点位置。

◎ Size（大小）：设置变形图像的大小。

◎ Convergence（会聚）：可使图像产生向中心汇聚的效果。

图 1-1-7

任务二　制作校训动画

 任务描述

本任务将完成校训动画的制作。通过本任务的学习，应掌握 Position（位置）、Scale（缩放）、Rotation（旋转）和 Opacity（不透明度）4 个基本属性。

学习目标

◎掌握 Position（位置）的参数及位移动画的方法。

◎掌握 Scale（缩放）的参数及缩放动画的方法。

◎掌握 Rotation（旋转）的参数及旋转动画的方法。

◎掌握 Opacity（不透明度）的参数及不透明度动画的设置方法。

 方法与步骤

1. 新建"校训"合成

01 选择"合成"→"新建合成"命令，命名为"校训"，设置宽度为 720 px，高度为 576 px，持续时间为 3 秒，如图 1-2-1 所示。

02 选择"文件"→"导入"→"文件"命令，打开"导入文件"对话框，选中"校训.psd"，单击"导入"按钮。然后在导入种类中选择"合成 - 保持图层大小"，接着在图层选项中选择可编

图 1-2-1

辑的图层样式，最后单击"确定"按钮，如图 1-2-2 所示。

图 1-2-2

2. 设置文字图层属性

01 选择"文字"图层，展开变换，设置位置属性的动画关键帧，在时间轴 0 秒位置设置数值为（175,288）（见图 1-2-3），在时间轴 2 秒位置设置数值为（440,288）。

图 1-2-3

02 设置缩放属性的动画关键帧，在时间轴 0 秒位置设置数值为（100,100），在时间轴 2 秒位置设置数值为（110,110），如图 1-2-4 所示。

图 1-2-4

03 设置不透明度属性的动画关键帧，在时间轴 0 秒位置设置数值为 0%（见图 1-2-5），在时间轴 2 秒位置设置数值为 100%。

图 1-2-5

3. 设置 LOGO 图层属性

01 选择 LOGO 图层，展开变换，设置位置属性的动画关键帧，在时间轴 0 秒位置设置数值为（360,288），在时间轴 2 秒位置设置数值为（116,288），如图 1-2-6 所示。

图 1-2-6

02 设置缩放属性的动画关键帧，在时间轴 0 秒位置设置数值为（100,100），在时间轴 2 秒位置设置数值为（110,110）。

03 设置不透明度属性的动画关键帧，在时间轴 0 秒位置设置数值为 0%，在时间轴 2 秒位置设置数值为 100%。

最终效果如图 1-2-7 所示。

图 1-2-7

任务三　制作幸运四叶草

 任务描述

本任务将完成幸运四叶草动画制作。通过本任务的学习，应掌握关键帧的操作以及复习 Position（位置）、Scale（缩放）、Rotation（旋转）和 Opacity（不透明度）4 个基本属性。

 学习目标

◎掌握关键帧的使用。

◎熟练掌握 Position（位置）的参数及位移动画。

◎熟练掌握 Scale（缩放）的参数及缩放动画。

◎熟练掌握 Rotation（旋转）的参数及旋转动画。

◎熟练掌握 Opacity（不透明度）的参数及不透明度动画的设置方法。

 方法与步骤

1. 新建"幸运四叶草"合成

01 选择"文件"→"导入"→"文件"命令，打开"导入文件"对话框，选中"幸运四叶草 .psd"文件，如图 1-3-1 所示。单击"导入"按钮添加到"项目"面板中。然后在导入种类中选择"合成 - 保持图层大小"，接着在"图层选项"中选中"可编辑的图层样式"单选按钮，最后单击"确定"按钮，如图 1-3-2 所示。

图 1-3-1

02 选择"合成"→"合成设置"命令，修改时间为 5 秒，如图 1-3-3 所示。

图 1-3-2   图 1-3-3

2. 设置四叶草花瓣属性

01 选中"花瓣 1"，在时间轴为第 0 秒时，设置不透明度为 0%，拖动时间轴到 10 帧的位置，设置不透明度为 100%。

02 选中"花瓣 2"，在时间轴为第 10 帧时，设置不透明度为 0%，拖动时间轴到 20 帧的位置，设置不透明度为 100%。

03 选中"花瓣 3"，在时间轴为第 20 帧时，设置不透明度为 0%，拖动时间轴到第 1 秒 05 帧的位置，设置不透明度为 100%。

04 选中"花瓣 4"，在时间轴为第 1 秒 05 帧时，设置不透明度为 0%，拖动时间轴到 1 秒 15 帧的位置，设置不透明度为 100%，如图 1-3-4 所示。

图 1-3-4

3. 设置文字属性

01 选中"文字"图层，在时间轴第 1 秒 15 帧的位置，设置位置为（840,520），不透明度为 0%，缩放为（100,100），如图 1-3-5 所示。

图 1-3-5

02 选中"文字"图层，在时间轴第 2 秒的位置，设置位置为（999,520），不透明度为 100%，缩放为（120,120），如图 1-3-6 所示。

图 1-3-6

4. 设置叶子属性

01 选中"叶子"属性，在时间轴第 0 秒的位置，设置位置为（338.5,238.5），旋转为（0x+0°），不透明度为 20%。

02 选中"叶子"属性，在时间轴第 3 秒的位置，设置位置为（1374.5,618.5），旋转为（2x+0°），不透明度为 100%，如图 1-3-7 所示。

图 1-3-7

03 选中"叶子"属性，在时间轴第 4 秒的位置，设置位置为（1910.5,1002.5），如图 1-3-8 所示。

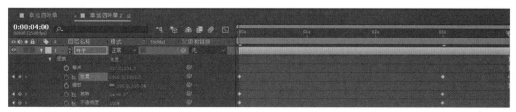

图 1-3-8

最终效果如图 1-3-9 所示。

图 1-3-9

 知识与技能

位置属性主要用来制作图层的位移动画，展开位置属性的快捷键为【P】键。普通的二维图层包括 X 轴和 Y 轴两个参数，三维图层包括 X 轴、Y 轴和 Z 轴 3 个参数。

缩放属性可以轴心点为基准来改变图层的大小，展开缩放属性的快捷键为【S】键。普通二维图层的缩放属性由 X 轴和 Y 轴 2 个参数组成，三维图层包括 X 轴，Y 轴和 Z 轴 3 个属性。在缩放图层时，可以开启图层缩放属性前面的"锁定缩放"按钮，进行等比例缩放操作。

旋转属性是以轴心点为基准旋转图层，展开旋转属性的快捷键为【R】键。普通二维图层的旋转属性由"圈数"和"度数"两个参数组成。如果当前图层是三维图层，那么该图层有 4 个旋转属性：方向、X 旋转、Y 旋转和 Z 旋转。

任务四　制作倒计时动画

 任务描述

本任务将完成倒计时动画制作。通过本任务的学习，应掌握关键帧辅助的序列图层功能。

 学习目标

掌握序列图层功能。

 方法与步骤

1. 打开文件

启动 After Effects CC 2018，打开"倒计时动画 .aep"文件，如图 1-4-1 所示。

图 1-4-1

2. 设置图层时间段

选中 T1 ~ T9 图层，将时间轴设置为第 24 帧，按【Alt+】】组合键，使 T1 ~ T9 都显示到第 24 帧结束，如图 1-4-2 所示。

图 1-4-2

3. 完成序列图层

01 选中 T9 图层，按住【Shift】键，再选中 T1 图层，这样 9 个图层全部选中。

02 选择"动画"→"关键帧辅助"→"序列图层"命令，打开"序列图层"对话框，单击"确定"按钮，如图 1-4-3 所示。结果如图 1-4-4 所示。

图 1-4-3

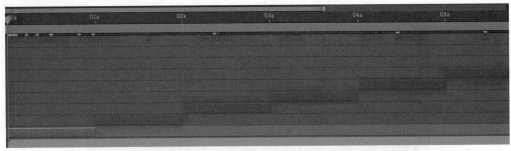

图 1-4-4

最终效果如图 1-4-5 所示。

图 1-4-5

知识与技能

序列图层：使用关键帧助手中的"序列图层"命令可以自动排列图层的入点和出点。

注意：选择的第一个图层是最先出现的图层，后面图层的排列顺序将按照该图层的顺序排列。本任务是制作倒计时动画，按从 9 到 1 的顺序出现，所以在选择时，最先选择 T9 图层。

项 目 小 结

本项目介绍了 After Effects CC 2018 的基本工作流程和基本操作，包括素材导入、项目合成、添加特效、图层功能和动画关键帧。通过本项目的学习可以制作基本动画，希望同学们注意素材的收集。在 After Effects 工程中导入素材时，并没有复制素材到工程文件中，而是以链接的方式，所以全部完成后，需要收集素材，否则很容易丢失素材。

能 力 提 升

为素材文件添加CC Lens（CC镜头）特效，效果如图1-5-1所示。

图 1-5-1

项目二
绘画形状工具、遮罩和轨道的应用

本项目主要讲解 After Effects CC 2018 的绘画形状工具、遮罩和轨道，包括画笔工具、形状工具、钢笔工具、遮罩和轨道蒙版等。熟练使用绘画、形状工具可以制作出独特的图形；遮罩和轨道是影视后期合成中使用频率非常高的技术。

能力目标

◎ 能灵活运用画笔工具。

◎ 能灵活运用形状工具。

◎ 能灵活运用钢笔工具。

◎ 会制作遮罩动画。

◎ 会制作轨道蒙版动画。

素质目标

◎ 培养学生积极向上的学习态度。

◎ 培养学生不断实践、勇于创新的精神。

任务一　制作画笔变形

任务二　制作生长动画

任务三　制作手绘效果

任务四　制作扫光着色动画

任务五 制作毕业季效果

任务一 制作画笔变形

 任务描述

本任务将完成画笔变形效果。通过本任务的学习，应掌握画笔工具的使用方法。

学习目标

掌握画笔工具。

方法与步骤

1. 新建合成

选择"图像合成"→"新建合成"命令，创建一个预置为 PAL D1/DV 的合成，命名为"画笔变形"，设置宽为 720 px，高为 576 px，持续时间为 6 秒，如图 2-1-1 所示。

图 2-1-1

2. 新建纯色图层

01 选择"图层"→"新建"→"纯色"命令，命名为"变形"，如图 2-1-2 所示。

02 在时间轴面板中双击"变形"图层，打开"变形"图层的图层预览面板。

3. 使用画笔工具绘制字母和文字

01 在"工具"面板中选择画笔工具，然后在"画笔"面板中设置直径值为 25，角度值为 0°，圆度为 100%，硬度为 100%，间距值为 120%，如图 2-1-3 所示。

图 2-1-2   图 2-1-3

02 在绘图面板中修改笔刷的颜色为（R:82,G:16,B:236），如图 2-1-4 所示。

03 在"变形"图层的预览面板中绘制字母 A，（注意要一气呵成，千万不要松开鼠标），绘制后的效果如图 2-1-5 所示。

04 在时间轴面板中展开"变形"图层笔刷的描边属性，在时间为 0 秒处设置结束值为 0%，创建关键帧，在时间为 1 秒处设置结束值为 100%。

图 2-1-4

05 选择"画笔 1"，展开路径属性，在时间为 2 秒处创建关键帧，在时间为 3 秒时，在预览面板中绘制文字"合"，如图 2-1-6 所示。

06 把时间再次设置为 0 秒，双击"变形"图层，在"变形"图层的预览面板中绘制字母 E，（注意要一气呵成，千万不要松开鼠标），绘制后的效果如图 2-1-7 所示。

07 在时间轴面板中展开"变形"图层，选中笔刷 2 的描边属性，在时间为 0 秒处设置结束值为 0%，创建关键帧，在时间为 1 秒处设置结束值为 100%。

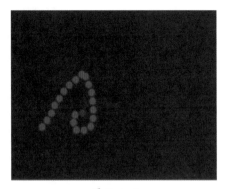 

图 2-1-5   图 2-1-6

08 选择"画笔 1"，展开路径属性，在时间为 2 秒处创建关键帧，时间为 3 秒时，在预览面板中绘制文字"成"，如图 2-1-8 所示。

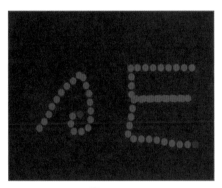 

图 2-1-7   图 2-1-8

4. 添加背景图层

01 在"变形"图层的特效面板中，展开笔刷特效滤镜，然后在"在透明背景上绘画"后面单击"开"，如图 2-1-9 所示。

图 2-1-9

02 选择"文件"→"导入"→"文件"命令，导入"背景 .jpg"文件，将其拖到时间轴面板中，并放在底层，如图 2-1-10 所示。

图 2-1-10

完成以上步骤并保存文件。

 知识与技能

（1）绘画面板：用来设置绘画工具的笔刷不透明度、流量、混合模式、通道以及持续方式等。

◎不透明度：对于画笔工具和仿制图章工具，该属性主要用来设置画笔笔刷和仿制图章工具的最大不透明度；对于橡皮擦工具，该属性主要用来设置擦除图层颜色的最大量。

◎流量：对于画笔工具和仿制图章工具，该属性主要用来设置画笔的流量；对于橡皮擦工具，该属性主要用来设置擦除像素的速度。

◎模式：设置画笔或仿制笔刷的混合模式。

◎通道：设置绘画工具影响的图层通道，如果选择 Alpha 通道，那么绘画工具只影响图层的透明区域。

◎持续时间：设置笔刷的持续时间。

（2）笔刷面板：可以选择预设的一些笔刷，也可以修改笔刷的参数值设置笔刷的尺寸、角度和边缘羽化等属性。

◎直径：设置笔刷的直径。

◎角度：设置椭圆形笔刷的旋转角度。

◎圆滑度：设置笔刷形状的长轴和短轴比例。

◎硬度：设置画笔中心的硬度。

◎间距：设置笔刷的间隔距离。

任务二　制作生长动画

 任务描述

本任务将完成生长动画。通过本任务的学习，应该掌握形状工具和椭圆形工具的使用。

 学习目标

◎掌握形状工具的使用。

◎掌握椭圆形工具的使用。

方法与步骤

1. 新建合成

选择"合成"→"新建合成"命令，创建一个预置为 PAL D1/DV 的合成，命名为"生长动画"，设置宽度为 720 px，高度为 576 px，持续时间为 5 秒，如图 2-2-1 所示。

2. 绘制椭圆

01 在工具栏中选择椭圆工具，在合成窗口中绘制一个椭圆形路径，如图 2-2-2 所示。

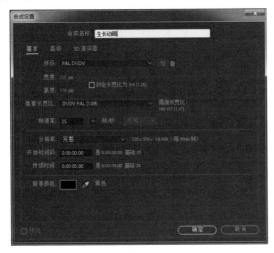

图 2-2-1   图 2-2-2

02 选中形状图层，单击工具栏中的填充色块，打开"渐变编辑器"对话框，单击"径向渐变"按钮，设置从粉色（R:240,G:5,B:253）到白色（R:255,G:255,B:255）的渐变，单击"确定"按钮，如图 2-2-3 所示。

03 选中形状图层，设置锚点的值为（-60,-10），位置的值为（344,202），旋转的值为 -90，如图 2-2-4 所示。

图 2-2-3   图 2-2-4

04 在时间轴面板中，展开"形状图层 1"→"内容"→"椭圆 1"→"椭圆路径 1"选项组，单击"大小"左侧的约束比例按钮，取消约束，设置大小的值为（60,172），如图 2-2-5 所示。

图 2-2-5

05 展开变化：椭圆 1，设置位置的值为（-58,-96），如图 2-2-6 所示。

图 2-2-6

06 单击内容右侧的三角形按钮 添加：◯ ，从弹出的菜单中选择"中继器"命令，然后展开中继器 1 选项组，设置"副本"数量的值为 150，从合成下拉列表框选择"之上"选项；将时间调整到 0 秒，设置"偏移"的值为 151，单击左侧的码表按钮，创建关键帧，如图 2-2-7 所示。

图 2-2-7

07 展开变换。中继器 1 选项组，设置位置的值为（-3,0），缩放的值为（-98,-98），旋转的值为 41，开始点不透明度为 70%，如图 2-2-8 所示。效果如图 2-2-9 所示。

图 2-2-8

图 2-2-9

3. 复制并修改形状图层

01 选中形状图层 1，复制另外两个新的形状图层。

02 选中形状图层 2，修改位置为（452,320），缩放为（72,72），旋转为 295°，如图 2-2-10 所示。

03 选中形状图层 2，单击工具栏中的填充色块，打开"渐变编辑器"对话框，单击径向渐变按钮，设置从绿色（R:117,G:181,B:6）到白色（R:255,G:255,B:255）的渐变，单击"确定"按钮，如图 2-2-11 所示。

图 2-2-10

图 2-2-11

04 选中形状图层 3，修改位置为（191,393），缩放为（67,67），旋转为 −132°，如图 2-2-12 所示。

05 选中形状图层 3，单击工具栏中的填充色块，打开"渐变编辑器"对话框，单击"径向渐变"按钮，设置从黄色（R:255,G:255,B:60）到白色（R:255,G:255,B:255）的渐变，单击"确定"按钮，如图 2-2-13 所示。效果如图 2-2-14 所示。

图 2-2-12

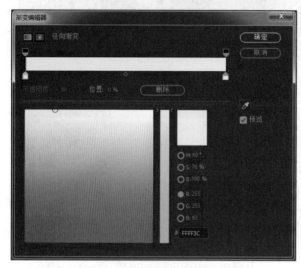

图 2-2-13

图 2-2-14

4．添加背景

选择"文件"→"导入"→"文件"命令，导入"背景.jpg"文件，将其拖到时间轴面板中，并放在底层。

最终效果如图 2-2-15 所示。

图 2-2-15

知识与技能

形状工具：主要包括矩形工具、圆角矩形工具、椭圆工具、多边形工具和星形工具。

任务三　制作手绘效果

 任务描述

本任务将完成手绘效果。通过本任务的学习，应掌握钢笔工具和涂鸦特效。

 学习目标

◎掌握钢笔工具。

◎掌握涂鸦特效。

 方法与步骤

1. 新建"手绘"合成

选择"合成"→"新建合成"命令，命名为"手绘"，设置宽度为 1 920 px，高度为 1 080 px，持续时间为 3 秒，背景颜色是白色，如图 2-3-1 所示。

2. 新建背景图层

选择"文件"→"导入"→"文件"命令，导入"手绘背景 .jpg"文件，将其拖到时间轴面板中，并放在底层，如图 2-3-2 所示。

图 2-3-1

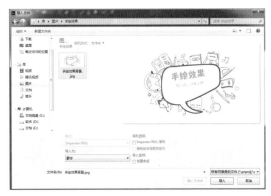

图 2-3-2

3. 制作"手绘图形"层

01 选择"图层"→"新建"→"纯色"命令，命名为"手绘图形"，如图 2-3-3 所示。

图 2-3-3

02 选择"手绘图形"层，取消最左边的可视标记，如图 2-3-4 所示。

图 2-3-4

03 选择钢笔工具，在背景图层上绘制一个图形路径，如图 2-3-5 所示。

4. 添加"涂写"特效

01 选择"手绘图形"层，恢复最左边的可视标记，为"手绘图形"层添加"涂写"特效。在效果和预置面板中展开"生成"特效组，然后双击"涂写"特效。

02 在特效控制面板中，修改涂写特效的参数，从蒙版下拉菜单中选择"蒙版 1"选项，设置颜色的值为（R:249,G:150,B:5），如图 2-3-6 所示。设置角度的值为 120°，描边宽度为 1.8，将时间调整到 1 秒 20 帧的位置，设置不透明度的值为 100%，单击不透明度左侧的码表按钮，在当前位置设置关键帧，如图 2-3-7 所示。

图 2-3-5

图 2-3-6

03 将时间调整到 2 秒 06 帧的位置，设置不透明度的值为 1%，系统会自动设置关键帧，如图 2-3-8 所示。

图 2-3-7

图 2-3-8

04 将时间调整到第 0 秒的位置，设置结束的值为 0%，单击"结束"左侧的码表按钮，在当前位置设置关键帧。

05 将时间调整到第 1 秒的位置，设置结束的值为 100%，系统会自动设置关键帧。完成以上步骤并保存文件。

知识与技能

◎涂写：可以涂写蒙版。

◎涂抹：设置需要涂抹的蒙版。

◎蒙版：填充类型控制是否填充内部绘制的路径，或沿路径创建一个图层。

◎填充类型：设置遮罩的填充方式为内部、中心边缘、在边缘内、外面边缘、左边或右边。

◎颜色：设置笔刷涂抹的颜色。

◎不透明度：设置涂抹的透明程度。

◎角度：设置涂抹角度。

◎描边宽度：设置笔触的宽度。

◎描边选项：设置笔触的弯曲、间距和杂乱等属性。

◎起始：设置笔触绘制的开始数值。

◎结束：设置笔触绘制的结束数值。

◎顺序填充路径：勾选此选项可按顺序填充路径。

◎摆动类型：设置笔触的扭动形式。

◎摇摆 / 秒：设置二次抖动的数量。

◎随机植入：设置笔触抖动的随机数值。

◎合成：设置合成方式。

任务四　制作扫光着色效果

 任务描述

本任务将完成扫光着色效果。通过本任务的学习，应掌握绘制矩形蒙版、修改矩形蒙版位置、调整层的参数以及设置通道，制作出动画效果。

 学习目标

◎掌握矩形蒙版的绘制和修改。

◎掌握设置通道。

 方法与步骤

1. 新建"扫光"合成

选择"合成"→"新建合成"命令，命名为"扫光"，设置宽度为 1 920 px，高度为 1 080 px，持续时间为 4 秒，背景颜色是黑色，如图 2-4-1 所示。

2. 导入素材

选择"文件"→"导入"→"文件"命令，导入"1.jpg"和"2.jpg"文件，将其拖到时间轴面板中，并调整大小，如图 2-4-2 所示。

图 2-4-1

图 2-4-2

3. 制作"扫光"遮罩

01 选中"1.jpg"文件，选择矩形工具，绘制遮罩，如图 2-4-3 所示。

02 调整遮罩。选中"1.jpg"文件，打开蒙版属性栏，并展开"蒙版 1"，调整属性。设置蒙版羽化（30,30）、蒙版扩展（-5），如图 2-4-4 所示。

图 2-4-3

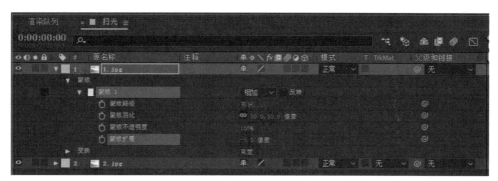

图 2-4-4

4. 制作遮罩动画

01 展开蒙版层，选择蒙版形状，将时间调整到 0 秒，设置关键帧，单击蒙版形状后面的形状进行数值调整，设置参数如图 2-4-5 所示，蒙版形状如图 2-4-6 所示。

图 2-4-5

图 2-4-6

02 将时间调整到 3 秒的位置，单击蒙版形状后面的形状进行数值调整，设置参数如图 2-4-7 所示，蒙版形状如图 2-4-8 所示。

图 2-4-7   图 2-4-8

5. 添加"调整图层"，为其添加"设置通道"效果

01 选择"图层"→"新建"→"调整图层"命令，将调整图层放到"1.jpg"图层底下，如图 2-4-9 所示。

图 2-4-9

02 制作灰度图。选择调整图层，选择"效果"→"通道"→"设置通道"命令，修改属性，制作成灰度图效果，设置如图 2-4-10 所示，效果如图 2-4-11 所示。

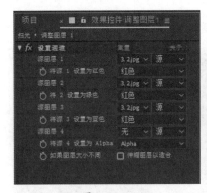

图 2-4-10   图 2-4-11

03 制作着色遮罩。将时间调整到第 0 帧，选择"1.jpg"图层，展开属性，选中蒙版 1 属性，执行复制命令，复制完成后，选择调整图层，执行粘贴命令，将叠加方式改为相减。设置如图 2-4-12 所示。

图 2-4-12

04 调整动画。将时间调整到第 3 秒，选择调整图层，展开属性，选择"蒙版 1"，调整形状，如图 2-4-13 所示。

图 2-4-13

6. 调整模式

选择"1.jpg"图层，将模式改为"叠加"，如图 2-4-14 所示。

图 2-4-14

完成以上步骤后保存文件。

 知识与技能

◎设置通道：可以将此图层的通道设置为其他图层的通道。

◎源图层 1：设置图层 1 的源为其他图层。

◎将源 1 设置为红色：设置源 1 需要替换的通道。

◎源图层 2：设置图层 2 的源为其他图层。

◎将源 2 设置为绿色：设置源 2 需要替换的通道。

◎源图层 3：设置图层 3 的源为其他图层。

◎将源 3 设置为蓝色：设置源 3 需要替换的通道。

◎源图层 4：设置图层 4 的源为其他图层。

◎将源 4 设置为 Alpha：设置源 4 需要替换的通道。

◎如果图层大小不同：勾选此选项，可将两个不同尺寸图层进行伸缩自适应。

任务五　制作毕业季效果

 任务描述

本任务将运用轨道蒙版完成"毕业季"遮罩效果。通过本任务的学习，应掌握轨道蒙版的概念，并能运用轨道蒙版完成遮罩效果。

 学习目标

掌握轨道蒙版。

 方法与步骤

1. 新建"毕业季"合成

选择"合成"→"新建合成"命令，命名为"毕业季"，设置宽度为 1 920 px，高度为 1 080 px，持续时间为 5 秒，如图 2-5-1 所示。

2. 导入背景图及文字图素材

01 选择"文件"→"导入"→"文件"命令，选中"背景 .jpg"及"文字 .png"，单击"确定"按钮。

02 将背景图及文字图拖到时间面板中，并调整大小，如图 2-5-2 所示。

制作毕业季效果视频

图 2-5-1

图 2-5-2

3. 新建固态图层

按【Ctrl+Y】组合键，出现"纯色设置"对话框，命名为 mask，颜色修改为白色，如图 2-5-3 所示。

4. 复制 text 图层

01 选择 text 图层，按【Ctrl+D】组合键复制图层，移动到 mask 的上层。

02 将下面背景层以及原始 text 图层可视关闭，如图 2-5-4 所示。

图 2-5-3

图 2-5-4

5. 利用轨道蒙版制作高光过渡

01 单击 Track Matte 轨道蒙版，将上面图层作为下面图层的 Alpha Matte。

02 选择 mask 图层，选择椭圆遮罩，画出一个区域，如图 2-5-5 所示。

图 2-5-5

03 单击下面两个图层的可视图标。

04 单击 mask 图层，调整遮罩的透明度为 30%。

05 单击叠加模式，修改为 Add 相加。

最终效果如图 2-5-6 所示。

知识与技能

轨道蒙版：属于一种特殊的遮罩类型，可以将一个图层的 Alpha 信息或亮度信息作为另一个图层的透明度信息，同样可以完成建立图像透明区域或限制图像局部显示的工作。需要注意的是使用轨道蒙版时，蒙版图层必须位于最终显示图层的上一图层，并且在应用轨道蒙版后，关闭蒙版图层的可视性。

图 2-5-6

项 目 小 结

本项目介绍了 After Effects CC 2018 的绘画形状工具、涂写特效、遮罩动画和轨道蒙版的制作。通过本项目的学习，可以使用项目中的画笔变形、调整中继器、扫光遮罩以及高光效果，创建丰富多彩的动画效果。特别是使用绘画工具进行创作时，每一步的操作都可以被记录成动画，并能实现动画的回放。同学们可以制作出独特、多样的图案或花纹。

能 力 提 升

为素材添加发光特效，效果如图 2-6-1 所示。

图 2-6-1

项目三
空间动画的制作

本项目主要讲解 After Effects CC 中三维图层、摄像机、灯光等功能的具体应用。三维空间的合成效果为设计师提供更丰富的想象空间，为作品增添更炫的效果。

能力目标

◎ 会制作魔方旋转动画。

◎ 会制作拍摄云层动画特效。

◎ 会制作盒子打开效果。

◎ 会制作盒子阴影效果。

◎ 会制作三维光栅效果。

素质目标

◎ 培养学生感受空间动画的无穷魅力。

◎ 培养学生领悟创新精神，为作品添加立体效果。

任务一　制作旋转的魔方

任务二　制作拍摄云层效果

任务三　制作盒子打开效果

任务四　制作盒子阴影效果

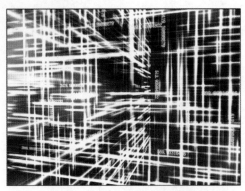

任务五　制作三维光栅效果

任务一　制作旋转的魔方

任务描述

本任务将完成魔方旋转的动画制作。通过本任务的学习，应掌握三维层的使用、父子约束、梯度渐变的应用。

学习目标

◎掌握三维层的使用。

◎掌握父子约束的使用。

◎掌握梯度渐变的使用。

方法与步骤

1. 新建"魔方旋转"合成

01 选择"合成"→"新建合成"命令，命名为"旋转的魔方"，设置宽度为720 px，高度为560 px，持续时间为5秒，"背景颜色"为黑色，如图3-1-1所示。

02 选择"文件"→"导入"→"文件"命令，打开"导入文件"对话框，打开配套素材中的"魔方背景.jpg"，此时素材会添加到"项目"面板中，并且拖到时间轴面板中，并且调整大小，如图3-1-2所示。

2. 新建纯色图层

选择"图层"→"新建"→"纯色"命令，命名为"魔方1"，设置宽度为200 px，高度为200 px，颜色为灰色（R:180,G:180,B:180），如图3-1-3所示。

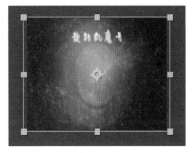

图 3-1-1   图 3-1-2

3. 为"魔方 1"添加"梯度渐变"特效

01 在"效果和预设"面板中搜索"梯度渐变",在生成的特效组中双击"梯度渐变"特效。

02 在特效面板中,修改渐变特效的参数,渐变起点的值为(100,100),起始颜色为白色(R:255,G:255,B:255),渐变终点的值为(231,200),结束颜色为(R:1,G:19,B:46),渐变形状为径向渐变,如图 3-1-4 所示。

图 3-1-3   图 3-1-4

4. 打开"魔方 1"层三维开关并设置参数

01 选中"魔方 1"层,单击 3D 图层开关,如图 3-1-5 所示。

图 3-1-5

35

02 展开"变换"→"位置"，设置位置的值为（350,400,0），设置X轴旋转的值为90，如图3-1-6所示。

图 3-1-6

5. 复制"魔方2"至"魔方6"，分别设置参数

01 选中"魔方1"层，按【Ctrl+D】组合键复制出另一个新的图层，将该图层文字更改为"魔方2"，设置位置的值为（100,100,200），设置X轴旋转的值为90，如图3-1-7所示。

图 3-1-7

02 选中"魔方2"层，按【Ctrl+D】组合键复制出另一个新的图层，将该图层文字更改为"魔方3"，设置位置的值为（100,-0,100），设置X轴旋转的值为0，如图3-1-8所示。

图 3-1-8

03 选中"魔方3"层，按【Ctrl+D】组合键复制出另一个新的图层，将该图层文字更改为"魔方4"，设置位置的值为（100,200,100），如图3-1-9所示。

图 3-1-9

04 选中"魔方4"层，按【Ctrl+D】组合键复制出另一个新的图层，将该图层文字更改为"魔方5"，设置位置的值为（200,100,100），设置 *Y* 轴旋转的值为90，如图3-1-10所示。

图 3-1-10

05 选中"魔方5"层，按【Ctrl+D】组合键复制出另一个新的图层，将该图层文字更改为"魔方6"，设置位置的值为（0,100,100），设置 *Y* 轴旋转的值为90，如图3-1-11所示。

图 3-1-11

06 在时间轴面板中右击，展开"列数"，选择"父级和链接"，选择"魔方 2""魔方 3""魔方 4""魔方 5""魔方 6"，将其设置为"魔方 1"层的子物体层，如图 3-1-12 所示。

图 3-1-12

6. 设置旋转动画

01 将时间调整到第 0 帧的位置，选中"魔方 1"层，按【R】键打开旋转属性，设置方向的值为（320,0,0），Z 轴旋转的值为 0，单击 Z 轴旋转左侧的码表按钮，在当前位置设置关键帧。

02 将时间调整到第 4 秒 24 帧的位置，设置 Z 轴旋转的值为 2x，系统会自动设置关键帧，如图 3-1-13 所示。

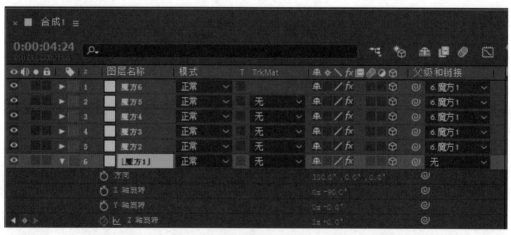

图 3-1-13

至此，魔方旋转动画全部完成，按小键盘上的【0】键或空格键可以预览整体效果。

知识与技能

三维空间：After Effects CC 2018 为设计师提供了较为完善的三维系统，在这个系统里可以通过创建三维图层、摄像机和灯光等进行三维合成操作。三维空间呈现为立体型，拥有长、宽、高 3 个方向。

◎三维图层的基本操作：移动三维图层和旋转三维图层。

• 移动三维图层：在时间轴面板中对三维图层的位置属性进行调节；在合成面板中使用"选择工具"直接在三维图层的轴向上移动三维图层。

• 旋转三维图层：按【R】键展开三维图层的旋转属性，可以看到"方向""X轴旋转""Y轴旋转""Z轴旋转"4种属性。通过修改4种属性或者使用"旋转工具"直接对三维图层进行旋转操作。

◎梯度渐变：可以创建两种颜色的渐变。

• 渐变起点：设置渐变开始的位置。

• 起始颜色：设置渐变开始的颜色。

• 渐变终点：设置渐变结束的位置。

• 结束颜色：设置渐变结束的颜色。

• 渐变形状：设置渐变形状为线性渐变或者径向渐变。

• 渐变散射：设置渐变分散点的分散程度。

• 与原始图像混合：设置当前效果与原始图层的混合程度。

任务二　制作拍摄云层效果

 任务描述

本任务将完成拍摄云层效果的动画制作。通过本任务的学习，应掌握摄像机的使用和空对象的应用。

 学习目标

◎掌握摄像机的使用。

◎掌握空对象的使用。

 方法与步骤

1. 新建"拍摄云层"合成

选择"合成"→"新建合成"命令，命名为"拍摄云层"，设置宽度为720 px，高度为576 px，持续时间为3秒，"背景颜色"为白色，如图3-2-1所示。

2. 新建纯色图层

选择"图层"→"新建"→"纯色"命令，命名为"蓝天背景"，颜色为灰色（R:0，G: 0,B:255），如图3-2-2所示。

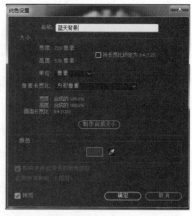

图 3-2-1   图 3-2-2

3. 为"蓝天背景"添加"梯度渐变"特效

01 在"效果和预设"面板中搜索"梯度渐变",在生成的特效组中双击"梯度渐变"特效。

02 在特效面板中,修改渐变特效的参数,渐变起点的值为(360,288),起始颜色的值为(R:0,G:0,B:255),渐变终点的值为(360,576),结束颜色的值为(R:0,G:255,B:255),渐变形状为"线性渐变",如图 3-2-3 所示。

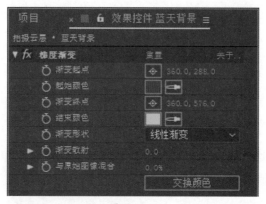

图 3-2-3

4. 制作"云"的图层

01 把"云 .tga"导入到"项目"面板中,并拖到时间轴面板中。

02 打开"云 .tga"层三维开关,选中"云 .tga"层,修改为"云 1.tga"层,按【Ctrl+D】组合键复制出另外 4 个新的图层,分别重命名为"云 2""云 3""云 4""云 5"。

03 选中"云 1.tga"层,按【P】键,修改位置属性为(106,136,-182),如图 3-2-4 所示。

图 3-2-4

04 选中"云 2.tga"层，按【P】键，修改位置属性为（520,160,-1058），如图 3-2-5 所示。

图 3-2-5

05 选中"云 3.tga"层，按【P】键，修改位置属性为（162,446,-1393），如图 3-2-6 所示。

图 3-2-6

06 选中"云 4.tga"层，按【P】键，修改位置属性为（524,418,-1807），如图 3-2-7 所示。

图 3-2-7

07 选中"云 5.tga"层，按【P】键，修改位置属性为（256,162,-1954），如图 3-2-8 所示。

图 3-2-8

5. 新建摄像机

选择"图层"→"新建"→"摄像机"命令，打开"摄像机设置"对话框，选择预设（24 毫米），选中"启动景深"复选框，单击"确定"按钮，如图 3-2-9 所示。

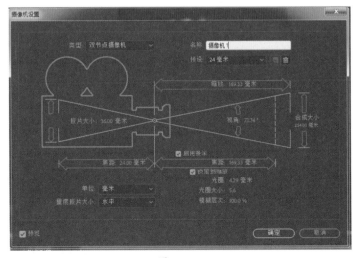

图 3-2-9

6. 新建空对象

01 选择"图层"→"新建"→"空对象"命令，创建空对象"空1"。在时间轴面板中，展开"父级和链接"，设置"摄像机1"的子物体为"空1"，如图3-2-10所示。

图 3-2-10

02 将时间调整到第0帧的位置，打开"空1"层三维开关，按【P】键打开位置属性，设置位置的值为（360,288,-1954），单击位置左侧的码表按钮，设置关键帧，如图3-2-11所示。

图 3-2-11

03 将时间调整到第2秒24帧的位置，打开"空1"层三维开关，按【P】键打开位置属性，设置位置的值为（360,288,743），系统会自动设置关键帧，如图3-2-12所示。

图 3-2-12

至此，拍摄云层动画全部完成，按小键盘上的【0】键或空格键可以预览整体效果。

知识与技能

摄像机：在 After Effects CC 2018 中创建一个摄像机后，可以在摄像机视图中以任意距离和任意角度来观察三维图层的效果。

◎名称：用于定义新建摄像机的名称。

◎预设：下拉列表中有多种参数组合。

◎缩放：用于设置摄像机位置与视图面的距离。

◎胶片大小：用于模拟摄像机所使用的胶片大小，从而与合成画面的大小相匹配。

◎视角：视角的大小由焦距、胶片尺寸和变焦设置所决定。

◎启用景深：用于建立真实的摄像机调整焦距效果，勾选后，可以设置摄像机的焦距与景深设置有关的参数。

◎焦距：用于设置胶片到摄像机的距离。

◎锁定到缩放：勾选该复选框后，可以使焦距和缩放值的大小匹配。

◎单位：在右侧的下拉列表中有"像素"、"毫米"和"英寸"3个选项供选择。

◎摄像机的调整：在时间轴面板中展开"摄像机选项"，如图3-2-13所示。

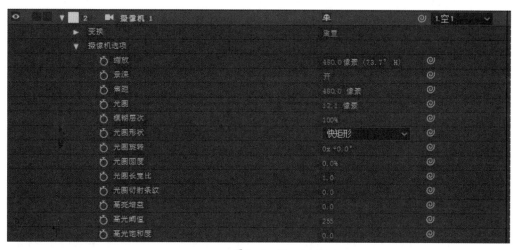

图 3-2-13

◎空对象：常用于建立摄像机的父级，用来控制摄像机的移动和位置的设置。

任务三　制作盒子打开效果

 任务描述

本任务将完成盒子打开的动画效果。通过本任务的学习，应掌握父子关系、轴心点与三维图层控制的具体应用。

 学习目标

◎掌握轴心点的移动。

◎掌握三维图层控制的使用。

◎掌握父子关系。

方法与步骤

1. 制作素材

在 Photoshop 软件中制作一个盒子,采用 6 张尺寸大小为 200 px × 200 px 的图片素材作为盒子的面,如图 3-3-1 所示。

2. 新建"盒子动画"合成

选择"合成"→"新建合成"命令,命名为"盒子动画",设置宽度为 800 px,高度为 600 px,持续时间为 5 秒,像素长宽比为"方形像素",背景颜色为黑色,如图 3-3-2 所示。

提示:像素长度比选择"方形像素",主要是为了防止后面的盒子动画中出现缝隙。

图 3-3-1   图 3-3-2

3. 新建纯色图层

01 选择"图层"→"新建"→"纯色"命令,命名为"背景",颜色为灰色(R:255, G:255,B:255),如图 3-3-3 所示。

02 选中背景图层,在"效果和预设"面板中搜索"梯度渐变",在生成特效组中双击"梯度渐变"特效。

03 在特效面板中,修改渐变特效的参数,渐变起点的值为(388,306),起始颜色为灰色(R:180, G:180, B:180),渐变终点的值为(400,600),结束颜色为黑色(R:255, G:255, B:255),渐变形状为径向渐变,如图 3-3-4 所示。

4. 设置盒子 6 个面

01 在"项目"面板中导入 6 个素材,并拖到时间轴面板中,分别重新命名为"顶面"、"底面"、"侧面 A"、"侧面 B"、"侧面 C"和"侧面 D"。

02 修改"顶面"图层位置的值为(300,88),"底面"图层位置的值为(300,488),"侧面 A"图层位置的值为(100,288),"侧面 B"图层位置的值为(300,288),"侧

面 C"图层位置的值为（500,288），"侧面 D"图层位置的值为（700,288），如图 3-3-5
所示。

图 3-3-3

图 3-3-4

图 3-3-5

5. 修改盒子 6 个面的轴心点位置

在工具面板中，选择轴心点工具分别修改"顶面"、"底面"、"侧面 A"、侧面 C"
和"侧面 D"的轴心点，位置如图 3-3-6 所示。

图 3-3-6

6. 添加父子图层关系

01 为所有的图层全部转换为三维图层。

02 按【Shift+F4】组合键，打开"父子关系"面板，然后设置"顶面"、"底面"、"侧面 A"和"侧面 C"为"侧面 B"的子物体、最后设置"侧面 D"为"侧面 C"的子物体。

03 设置各个图层的旋转关键帧动画。在第 0 帧处，设置"顶面"（X轴旋转）的值为 0x+90°，设置"底面"（X轴旋转）的值为 0x-90°，设置"侧面 A"（Y轴旋转）的值为 0x-90°，设置"侧面 C"（Y轴旋转）的值为 0x+90°，设置"侧面 D"（Y轴旋转）的值为 0x+90°，如图 3-3-7 所示。

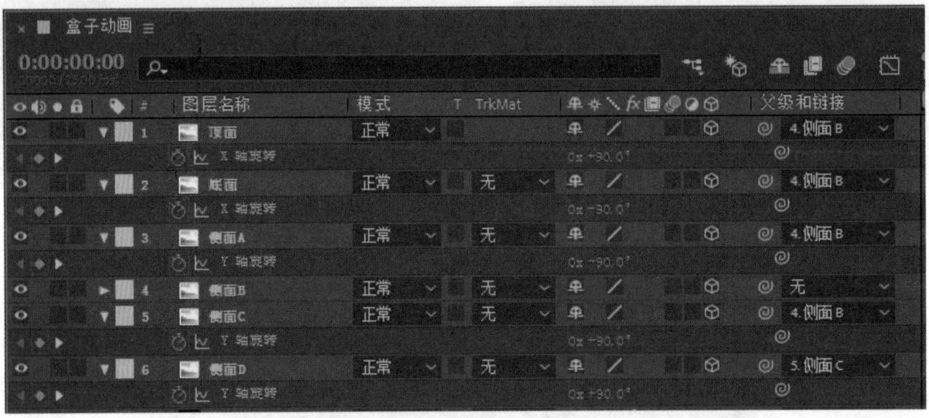

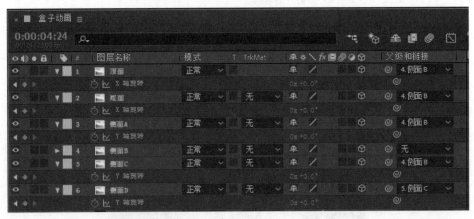

图 3-3-7

04 在第 4 秒 24 帧，设置"顶面"（X轴旋转）的值为 0x+0，设置"底面"（X轴旋转）的值为 0x+0，设置"侧面 A"（Y轴旋转）的值为 0x+0，设置"侧面 C"（Y轴旋转）的值为 0x+0，设置"侧面 D"（Y轴旋转）的值为 0x+0，如图 3-3-8 所示。

图 3-3-8

7. 设置"侧面 B"的动画

01 选中"侧面 B"，在第 0 帧，设置位置的值为（319,370,0），X轴旋转的值为

0x–50°，Z 轴旋转的值为 0x+30°，如图 3–3–9 所示。

图 3–3–9

02 选中"侧面 B"，在第 4 秒 24 帧，设置位置的值为（300,300,0），X 轴旋转的值为 0x–60°，Z 轴旋转的值为 0x–20°；如图 3–3–10 所示，效果见项目三首页。

图 3–3–10

任务四 制作盒子阴影效果

 任务描述

本任务将完成盒子阴影的动画效果。通过本任务的学习，应掌握灯光类型的使用和灯光属性的应用。

 学习目标

◎掌握灯光类型。

◎掌握灯光属性的应用。

 方法与步骤

1. 修改背景图层的三维属性

01 使用 After Effects CC 2018 打开"盒子打开效果 .aep"。

02 将背景图层转换为三维图层，修改其图层的缩放值为（450,450,450）。在第 0 帧，设置位置的值为（360,448,0），X 轴旋转的值为 0x–50°，如图 3–4–1 所示。

图 3–4–1

03 在第 4 秒 24 帧，设置位置的值为（360,300,0），*X* 轴旋转的值为 0x-60°，如图 3-4-2 所示。

图 3-4-2

2. 新建"灯光 1"

01 选择"图层"→"新建"→"灯光"命令，然后新建一个名称为"聚光 1"的聚光灯。

02 设置颜色为（R:252,G:247,B:237），强度为 230%，圆锥角度为 70°，圆锥羽化为 100%，然后选中"投影"复选框，最后设置阴影暗部为 50%，阴影扩散值为 100 px，如图 3-4-3 所示。

03 分别将"顶面"、"底面"、"侧面 A"、"侧面 B"、"侧面 C"和"侧面 D"图层的投影选项打开，如图 3-4-4 所示。

04 修改"聚光 1"的目标点为（300,288,-100），位置为（-700,-200,-580），如图 3-4-5 所示。

图 3-4-3

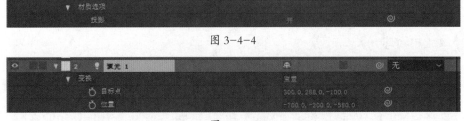

图 3-4-4

图 3-4-5

3. 新建"灯光 2"

01 选择"图层"→"新建"→"灯光"命令，然后新建一个名称为"聚光 2"的聚光灯。

02 设置颜色为（R:228,G:235,B:255），强度为 100%，锥形角度为 30°，锥形羽化为 100%，然后选中"投影"复选框，最后设置阴影暗部为 30%，阴影扩散值为 100 px，如图 3-4-6 所示。

03 修改"聚光2"的目标点为（475,278,-100），设置位置为（1000,-200,-580），如图3-4-7所示。

至此，盒子阴影动画全部完成，按小键盘上的【0】键或空格键可以预览整体效果。

图 3-4-6

图 3-4-7

📊 知识与技能

◎灯光：灯光图层主要模拟真实的灯光、阴影，使作品层次感更强。

◎名称：设置灯光图层的名称。

◎灯光类型：灯光类型分为平行、聚光、点和环境。

◎颜色：设置灯光颜色。

◎吸管工具：单击该按钮，可以在画面任意位置拾取灯光颜色。

◎强度：设置灯光强弱程度。

◎锥形角度：设置灯光照射的锥形角度。

◎锥形羽化：设置锥形灯光的柔和程度。

◎衰减：设置衰减为无、平滑和反向平方限制。

◎半径：当设置衰减为平滑时，可设置灯光半径数值。

◎衰减距离：当设置衰减为平滑时，可设置衰减距离数值。

◎投影：勾选此选项可以添加投影效果。

◎阴影深度：设置阴影深度值。

◎阴影扩散：设置阴影扩散程度。

任务五　制作三维光栅效果

 任务描述

本任务将完成三维光栅效果。通过本任务的学习，应掌握摄像机动画、图层混合模式、三维空间和嵌套图层，以及"分形杂色"、"色阶"、"快速模糊"、"更改颜色"、"编号"和"发光"特效的应用。

 学习目标

◎掌握分形杂色特效的应用。

◎掌握色阶特效的使用。

◎掌握快速模糊特效的使用。

◎掌握更改颜色特效的使用。

◎掌握编号特效的使用。

◎掌握发光特效的使用。

制作三维光栅效果视频

 方法与步骤

1. 新建"光栅"合成

选择"合成"→"新建合成"命令，命名为"光栅"，设置宽度为 720 px，高度为 576 px，持续时间为 10 秒，如图 3-5-1 所示。

图 3-5-1

2. 新建纯色图层

选择"图层"→"新建"→"纯色"命令，命名为 ray，单击"制作合成大小"按钮，颜色设为黑色，如图 3-5-2 所示。

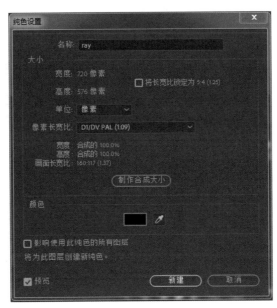

图 3-5-2

3. 制作灰色线条

01 选择 ray 图层，选择"效果"→"杂色与颗粒"→"分形杂色"命令，并在"效果"面板中设置参数。

02 在控制台面板中，设置分形类型为"脏污"，杂色类型为"样条"，缩放宽度为 100，缩放高度为 2.0（见图 3-5-3），复杂度为"1.0"，如图 3-5-4 所示。

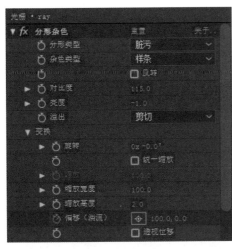

图 3-5-3

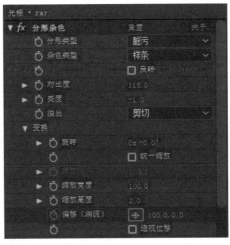

图 3-5-4

4. 设置灰色线条水平方向上的动画效果

01 在第 0 帧设置"偏移"和"演化"属性关键帧参数，偏移为"0，0"，演化为"0x+0°"，如图 3-5-5 所示。

图 3-5-5

02 在第 9 秒 24 帧设置"偏移"和"演化"属性关键帧参数,偏移为"100,0",演化为 0x+180°,如图 3-5-6 所示。

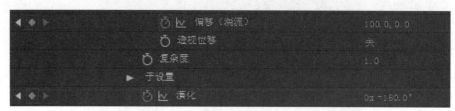

图 3-5-6

5. 为 ray 图层添加"色阶"命令

选择"效果"→"颜色校正"→"色阶"命令,并在"效果"面板中设置参数,输入黑色为 35,输入白色为 225,灰度系数为 0.25,"剪切以输出黑色"后方选项为"打开","剪切以输出白色"后方选项为"打开",如图 3-5-7 所示。

6. 制作发光效果

选择 ray 图层,选择"效果"→"风格化"→"发光"命令,并在"效果"面板中设置参数,发光基于颜色通道,发光阈值为 30%,发光半径为 4,发光强度为 2,颜色循环为"三角形 A>B>C",颜色 A 为(R:45,G:45,B:255),颜色为 B(R:0,G:255,B:255),如图 3-5-8 所示。

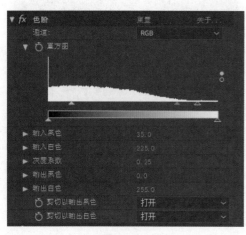

图 3-5-7

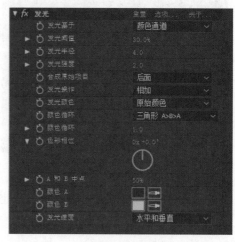

图 3-5-8

7. 新建 text 纯色固态层

选择"图层"→"新建"→"纯色"命令，命名为 text，如图 3-5-9 所示。

图 3-5-9

8. 添加"编号"特效

选择 text 图层，选择"效果"→"文字"→"编号"命令，并在"效果"面板中设置参数，选中"随机值"复选框，"数值/位移/随机最大"设置为 30000，设置填充颜色为（R:0, G:255, B:255），大小为 11，字符间距为 –3，如图 3-5-10 所示。

9. 制作多个文字效果

在"效果"面板中选择"编号"效果，按【Ctrl+D】组合键，将"编号"效果再复制 5 次，这样就创建了 6 个"编号"效果，如图 3-5-11 所示。

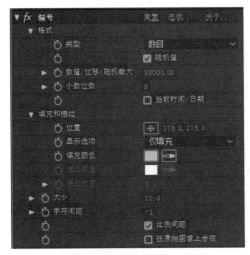

图 3-5-10

图 3-5-11

10. 设置多个文字效果

选中"在原始图像上合成"复选框，再分别改变"数值 / 位移 / 随机最大"的值，依次为 20000、25000、5000、1500 和 4500。改变 6 个"编号"效果在合成窗口中的位置，如图 3-5-12 所示。

11. 制作文字发光效果

在时间轴上选择 text 图层，然后选择"效果"→"风格化"→"发光"命令，在面板中设置参数，设置发光基于颜色通道，发光阈值为 16%，发光半径为 1，发光强度为"1"，颜色循环为"三角形 A>B>C"，颜色 A 为（R:0, G:0, B:255），颜色 B 为（R:0, G:255, B:255），如图 3-5-13 所示。

图 3-5-12

图 3-5-13

12. 设置多个文字效果

在时间轴窗口中选择 ray 图层及 text 图层，按【Ctrl+D】组合键 5 次，将两个图层各复制两个。然后单击三维图层按钮，将 1~5 层的图层混合模式设置为"相加"，如图 3-5-14 所示。接着按【P】键，显示并调整位置属性，从而形成多重文字和光线效果，如图 3-5-15 所示。

图 3-5-14

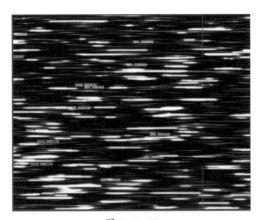

图 3-5-15

13. 制作文字移动动画

01 选择 3 个 text 图层，分别在第 0 帧设置"位置"关键帧并调整参数，如图 3-5-16 所示。

图 3-5-16

02 选择 3 个 text 图层，分别在第 9 秒 24 帧设置"位置"关键帧并调整参数，如图 3-5-17 所示。

图 3-5-17

14. 新建"最终"合成图像

01 选择"合成"→"新建合成"命令，命名为"最终"。

02 将"光栅"拖到"最终"窗口中，并命名为 X。

03 选择 X 图层，按【Ctrl+D】组合键，将 X 图层复制两个，分别命名为 Y 和 Z。

04 将 X 层、Y 层、Z 层的三维图层开关打开。

05 将 Z 层的"Y 轴旋转"设置为 90°。

06 将 Y 层的"Z 轴旋转"设置为 90°。

07 将 Y 层以及 Z 层的图层混合模式设为"相加"，如图 3-5-18 所示。

图 3-5-18

08 导入"背景"文件，将其拖入"最终"窗口最底层。

09 隐藏"背景"以外的图层。

10 添加"更改颜色"效果。选择"背景"图层，选择"效果"→"颜色校正"→"更改颜色"命令，并在"效果"面板中设置其参数。色相变换为 40，亮度变换为 –20，饱和度变换为 60，如图 3-5-19 所示。

图 3-5-19

11 添加"快速模糊"效果，选择"背景"图层，选择"效果"→"过时"→"快速模糊"命令，并在效果面板中设置参数。设置模糊度为 115，模糊方向为"水平和垂直"，如图 3-5-20 所示。

图 3-5-20

15. 新建一部摄像机

01 选择"图层"→"新建"→"摄像机"命令，新建一部摄像机，并设置参数，如图 3-5-21 所示。

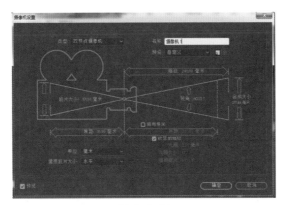

图 3-5-21

02 展开摄像机中的"变换"属性,在第0帧设置"目标点"和"位置"属性的关键帧。目标点为"395,405,-80",位置为"395,385,-515",如图3-5-22所示。

图 3-5-22

03 展开摄像机中的"变换"属性,在第9秒24帧设置"目标点"和"位置"属性的关键帧。目标点为"335,300,-25",位置为"630,295,-350",如图3-5-23所示。

图 3-5-23

04 选择"文件"→"保存"命令,保存文件。然后选择"文件"→"收集文件"命令,将文件打包。

至此,"三维光栅"特效全部完成,按小键盘上的【0】键或空格键可以预览整体效果。

知识与技能

(1)分形杂色:可以模拟一些自然效果,如云、雾、火。

◎分形类型:设置分形的类型。

◎杂色类型:设置杂色类型为块、线性、软线或曲线性。

◎反转：勾选此选项可反转效果。

◎对比度：设置生成杂色的对比度。

◎亮度：设置生成杂色图像的明亮程度。

◎溢出：设置溢出方式为剪切、柔和固定、反绕或允许 HDR 结果。

◎变换：设置杂色的比例。

◎复杂度：设置杂色图案的复杂程度。

◎子设置：设置子影响的百分比。

◎演化：设置杂色相位。

◎演化选项：设置演变属性。

◎不透明度：设置透明程度。

◎混合模式：设置混合模式为无、正常、添加、屏幕或覆盖等模式。

（2）色阶：可以通过调整画面中的黑色、白色、灰色的明度色阶数值，改变颜色。

◎通道：需要修改的通道进行单独设置调整。

◎直方图：通过直方图可以了解图像各个影调的分布情况。

◎输入黑色：设置输入图像中的黑色阈值。

◎输入白色：设置输入图像中的白色阈值。

◎灰度系数：设置图像阴影和高光的相对值。

◎输出黑色：设置输出图像中的黑色阈值。

◎输出白色：设置输出图像中的白色阈值。

（3）快速模糊：可以将平滑模糊应用于图像。

◎模糊度：设置模糊程度。

◎模糊方向：设置模糊方向为水平和垂直、水平或垂直。

◎重复边缘像素：勾选此选项模糊效果重复边缘像素。

（4）更改颜色：可以吸取画面中的某种颜色，设置颜色的色相、饱和度和亮度从而改变颜色。

◎视图：设置合成面板中的观察效果。

◎色相变换：设置所选颜色的改变区域。

◎亮度变换：调制亮度值。

◎饱和度变换：调制饱和度值。

◎要更改的颜色：设置图像中需要改变颜色的颜色区域。

◎匹配容差：设置颜色相似程度。

◎匹配柔和度：设置柔和程度。

◎匹配颜色：设置匹配颜色空间。

◎反转颜色校正蒙版：设置颜色校正遮罩。

（5）编号：可以为图像生成有序和随机数字序列。

◎格式：设置编码文本的字体类型、格式等属性。

- 类型：数字类型为数目、时间、数字日期、短日期、长日期或十六进制。
- 随机值：设置文本数字的随机化
- 数值 / 位移 / 随机最大：设置数字随机的离散范围。
- 小数位数：设置编码数字文本小数点的位置。
- 当前时间 / 日期：勾选此选项可设置编码内容为当前时间 / 日期。

◎填充和描边：设置编码。

- 位置：设置编码位置。
- 显示选项：设置编码的编写形式为仅填充、仅描边、在描边上填充或在填充上描边。
- 填充颜色：设置编码填充颜色。
- 描边颜色：设置编码边缘颜色。
- 描边宽度：设置编码边缘的宽度。

◎大小：设置编码文本的大小。

◎字符间距：设置编码字符之间的距离。

◎比例间距：设置编码文本的比例距离。

◎在原始图像上合成：勾选此项可使编码在原始图层上显示。

（6）发光：可以找到图像中较亮的部分，并使这些像素的周围变亮，从而产生发光的效果。

◎发光基于：设置发光作用通道为 Alpha 通道或颜色通道。

◎发光阈值：设置发光的覆盖面。

◎发光半径：设置发光半径。

◎发光强度：设置发光强烈程度。

◎合成原始项目：设置项目为顶端、后面或无。

◎发光操作：设置发光的混合模式。

◎发光颜色：设置发光的颜色。

◎颜色循环：设置发光循环方式。

◎色彩相位：设置光色相位。

◎ A 和 B 中点：设置发光颜色 A 到 B 的中点百分比。

◎颜色 A：设置颜色 A 的颜色。

◎颜色 B：设置颜色 B 的颜色。

◎发光维度：设置发光作用方向。

项 目 小 结

本项目介绍了 After Effects CC 2018 的空间动画特效的制作，通过本项目的学习，可以利用三维空间、摄像机和灯光效果结合其他特效为视频添加酷炫的立体特效。特别要注意，对于三维空间，可以从多个不同的视角去观察空间结构，随着视角的变化，不同景深的物体之间也会产生一种空间错位的感觉。

能 力 提 升

制作 3D 空间效果，如图 3-6-1 所示。

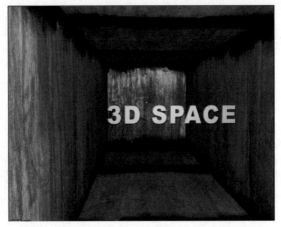

图 3-6-1

项目四
文字动画的制作

本项目主要讲解 After Effects CC 2018 的文字动画，包括创建文字、优化文字和文字动画等。熟练使用文字功能制作文字动画，是特效合成师必备的技能。

能力目标

◎ 会创建文字。

◎ 会修改文字的属性。

◎ 会制作文字动画。

◎ 会制作路径文字动画。

◎ 会运用表达式制作文字动画。

素质目标

◎ 培养学生提升人文素养，有效搜索诗词、图文并制作富有美感作品的能力。

◎ 培养学生的美学素养。

任务一　制作爆破文字

任务二　制作跳动的路径文字

任务三　制作聚散文字

任务四　制作表达式文字

任务一 制作爆破文字

 任务描述

本任务将完成文字的爆破效果。通过本任务的学习，应掌握文字属性以及梯度渐变和 CC Pixel Polly（CC 像素多边形）特效的应用。

 学习目标

◎掌握文字属性设置。

◎掌握梯度渐变特效的使用。

◎掌握 CC Pixel Polly（CC 像素多边形）特效的使用。

制作爆破文字视频

 **方法与步骤**

1. 新建合成

01 选择"合成"→"新建合成"命令，命名为"爆破文字"，宽度为 720 px，高度为 576 px，持续时间为 3 秒，如图 4-1-1 所示。

02 双击面板，导入背景图。选中"背景 -2.jpg"拖到"爆破文字"合成中，如图 4-1-2 所示。

图 4-1-1

图 4-1-2

2. 新建文本图层

01 选择"图层"→"新建"→"文本"命令，输入"会当凌绝顶，一览众山小"，拖动文字到合适位置，如图 4-1-3 所示。

02 设置文字属性，字体为华文行楷，字号为 50 像素，如图 4-1-4 所示。

3. 添加"梯度渐变"效果

01 在"效果和预设"面板中展开"生成"特效，双击"梯度渐变"特效，如图 4-1-5 所示。

图 4-1-3

图 4-1-4

图 4-1-5

02 设置"渐变起点"为（360,245），
"渐变终点"为（360,265），"起始颜色"为
（221,221,221），"结束颜色"为（41,50,39），
如图 4-1-6~图 4-1-8 所示。

图 4-1-6

图 4-1-7   图 4-1-8

4. 添加 CC Pixel Polly（CC 像素多边形）特效

01 在"效果和预设"面板中展开"模拟"组特效，双击 CC Pixel Polly（CC 像素多边形）特效，如图 4-1-9 所示。

02 设置 Force（力度）为 450，Force Center（力度中心）为（360,256），Grid Spacing（网格间距）为 1，如图 4-1-10 所示。

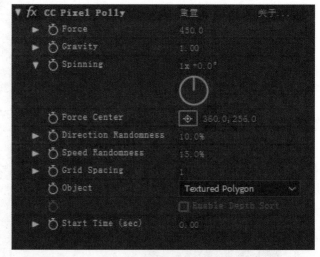

图 4-1-9   图 4-1-10

完成以上步骤并保存文件。

知识与技能

梯度渐变：可以创建两种颜色的渐变。

◎渐变起点：设置渐变开始的位置。

◎起始颜色：设置渐变开始的颜色。

◎渐变终点：设置渐变结束的位置。

◎结束颜色：设置渐变结束的颜色。

◎渐变形状：设置渐变形状为线性渐变或径向渐变。

◎渐变散射：设置渐变分散点的分散程度。

◎与原始图像混合：设置当前效果与原始图层的混合程度。

任务二 制作跳动的路径文字

 任务描述

本任务将完成路径文字动画。通过本任务的学习，应掌握钢笔工具以及"路径文本"、"残影"、"投影"和"彩色浮雕"特效的应用。

 学习目标

◎掌握钢笔工具的使用。

◎掌握路径文本特效的使用。

◎掌握残影特效的使用。

◎掌握投影特效的使用。

◎掌握彩色浮雕特效的使用。

制作跳动的路径文字视频

 方法与步骤

1. 新建合成

01 选择"合成"→"新建合成"命令，命名为"跳动的路径文字"，设置宽度为 720px，高度为 576px，持续时间为 10 秒，如图 4-2-1 所示。

图 4-2-1

02 双击面板，导入背景图。选中"背景 -4.jpg"拖到"跳动的路径文字"合成中，如图 4-2-2 所示。

图 4-2-2

2. 新建纯色图层

01 选择"图层"→"新建"→"纯色"命令,命名为"路径文字",颜色设为黑色,如图 4-2-3 所示。

02 选中"路径文字"层,在工具栏中选中"钢笔工具",在图层中绘制一条路径,如图 4-2-4 所示。

图 4-2-3

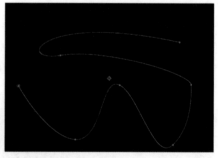

图 4-2-4

3. 添加"路径文本"特效

01 在"效果和预设"面板中展开"过时"特效,双击"路径文本"特效,如图 4-2-5 所示。

02 在打开的"路径文字"对话框中输入"山重水复疑无路,柳暗花明又一村。",然后单击"确定"按钮,如图 4-2-6 所示。

03 在"自定义路径"下拉列表中选择"蒙版 1"(见图 4-2-7),展开"填充和描边",设置"填充颜色"为

图 4-2-5

（221,68,154），如图 4-2-8 所示。

图 4-2-6

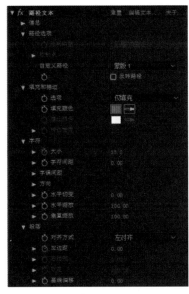

图 4-2-7

图 4-2-8

04 将时间调整到 0 秒位置，设置"大小"为 15，"左边距"为 0，单击"大小"和"左边距"前面的码表按钮。

05 将时间调整到 2 秒的位置，设置"大小"为 30，这时系统自动设置关键帧。

06 将时间调整到 6 分 15 秒的位置，设置"左边距"为 1670，系统自动设置关键帧。

07 展开高级"抖动设置"组，将时间调整到 0 秒位置，设置"基线抖动最大值"、"字偶间距抖动最大"、"旋转抖动最大值"及"缩放抖动最大值"分别为 0，并且分别单击左侧的码表按钮，如图 4-2-9 所示。

08 将时间调整到 3 分 15 秒的位置。设置"基线抖动最大值"为 122，"字偶间距抖动最大"为 164，"旋转抖动最大值"为 132 及"缩放抖动最大值"为 150。系统自动设置关键帧。

09 将时间调整到 6 秒的位置，再次设置"基线抖动最大值"，"字偶间距抖动最大"，"旋转抖动最大值"及"缩放抖动最大值"分别为 0。系统自动设置关键帧。

图 4-2-9

4. 添加"残影"特效

01 在"效果和预设"面板中展开"时间"组特效，双击"残影"特效。

02 设置"残影数量"为 12，"衰减"为 0.7，如图 4-2-10 所示。

图 4-2-10

5. 添加"投影"特效

01 在"效果和预设"面板中展开"透视"组特效，双击"投影"特效。

02 设置"柔和度"为 15，如图 4-2-11 所示。

6. 添加"彩色浮雕"特效

01 在"效果和预设"面板中展开"风格化"组特效，双击"彩色浮雕"特效。

02 设置"起伏"为 0.5，"对比度"为 100，如图 4-2-12 所示。

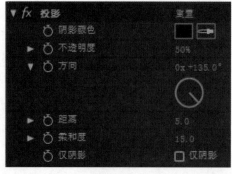

图 4-2-11

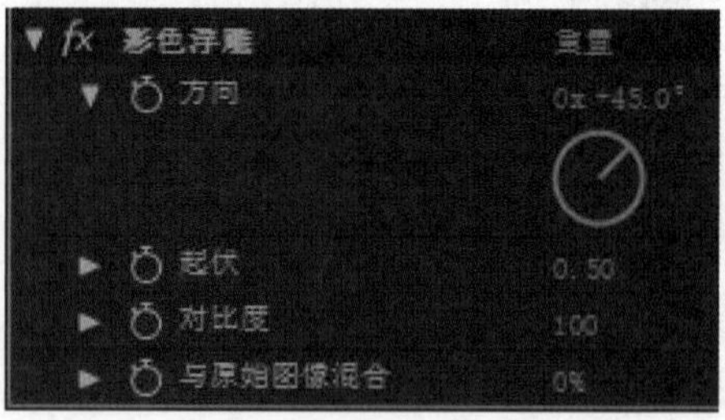

图 4-2-12

完成以上步骤并保存文件。

知识与技能

（1）路径文本：效果可以沿路径绘制文字。

（2）彩色浮雕：效果可以以制定的角度强化图像边缘，从而模拟纹理。

◎方向：设置浮雕方向。

◎起伏：设置起伏程度。

◎对比度：设置彩色浮雕效果明暗对比度。

◎与原始图像混合：设置和原图像的混合程度。

（3）残影：效果可以混合不同时间帧。

◎残影时间：设置延时图像的产生时间。

◎残影数量：设置延续画面的数量。

◎起始强度：设置延续画面开始的强度。

◎衰减：设置延续画面的衰减程度。

◎残影运算符：设置重影后续效果的叠加模式。

（4）投影：可以根据图像的 Alpha 通道为图像绘制阴影效果。

◎阴影颜色：设置阴影颜色。

◎不透明度：设置阴影透明程度。

◎方向：设置阴影产生的方向。

◎距离：设置投影效果与图像的距离。

◎柔和度：设置阴影的柔和程度。

任务三　制作聚散文字

 任务描述

本任务将完成文字的聚散效果。通过本任务的学习，应掌握文字属性、图层属性（摆动选择器）、"字母汤"特效的应用。文字为"庭前芍药妖无格，池上芙蕖净少情，唯有牡丹真国色。"

学习目标

◎掌握文字属性。

◎掌握图层属性。

◎掌握字母汤特效。

制作聚散文字视频

方法与步骤

1. 新建"飞出"合成

选择"合成"→"新建合成"命令，命名为"飞出"，设置宽度为 720px，高度为 576px，持续时间为 3 秒，如图 4-3-1 所示。

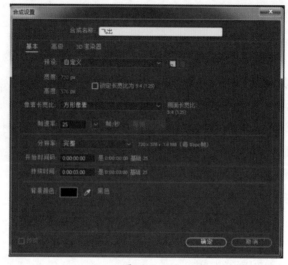

图 4-3-1

2. 新建文本图层

输入"庭前芍药妖无格"，设置字体、字号和颜色，如图 4-3-2 所示。

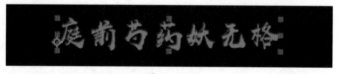

图 4-3-2

3. 设置文字层属性

打开"三维"开关，用钢笔工具绘制一个四边形路径，在"路径"下拉列表中选择"蒙版 1"，设置"反转路径"为开，"强制对齐"为开，"首字边距"为 200，分别调整单个字体大小，使其参差不齐，如图 4-3-3 所示。

图 4-3-3

4. 具体设置

01 选择文字层，按【Ctrl+D】组合键复制一层，将文字改为"池上芙蕖净少情"，设置"缩放（快捷键S）"为（50,50,50）（见图4-3-4），"首字边距"为300（见图4-3-5），分别调整单个字体大小，使其参差不齐，效果如图4-3-6所示。

图 4-3-4

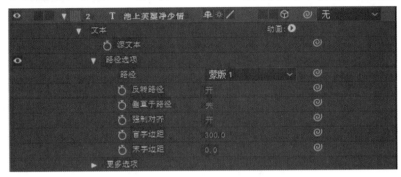

图 4-3-5

图 4-3-6

02 以相同方式，按【Ctrl+D】组合键复制一层，将文字改为"庭前芍药妖无格"，设置"缩放（快捷键S）"为（25,25,25），"首字边距"为90，分别调整单个字体大小，使其参差不齐，效果如图4-3-7所示。

03 以相同方式，按【Ctrl+D】组合键复制一层，将文字改为"唯有牡丹真国色"，设置"缩放（快捷键S）"为（25,25,25），"首字边距"为90，分别调整单个字体大小，使其参差不齐，如图4-3-8所示。

图 4-3-7

图 4-3-8

5. "庭前芍药妖无格"图层设置

将时间调整到 0 秒位置，按【P】键展开"位置"属性，设置为（105,288,0），单击左侧码表，做关键帧，将时间调整到 1 秒，"位置"为（105,288,-910）。

6. "池上芙蕖净少情"图层设置

将时间调整到 0 秒位置，按【P】键展开"位置"属性，设置为（105,312,0），单击左侧码表，做关键帧，将时间调整到 1 分 15 秒，"位置"为（105,312,-1100）。

7. "唯有牡丹真国色"图层设置

将时间调整到 0 秒位置，按【P】键展开"位置"属性，设置为（105,337,0），单击左侧码表，做关键帧，将时间调整到 2 秒，"位置"设为（105,312,-660）。

8. 新建"飞入"合成

选择"合成"→"新建合成"命令，命名为"飞入"，设置宽度为 720px，高度为 576px，持续时间为 3 秒，如图 4-3-9 所示。

图 4-3-9

9. 新建文本图层

输入"庭前芍药妖无格"，设置字体、字号、颜色。

10. 为"庭前芍药妖无格"层添加"字母汤"特效

01 时间调整到 0 秒，在"效果和预设"面板中展开"动画预设"→"Text"→"Multi-Line"，双击"字母汤"特效，如图 4-3-10 所示。

图 4-3-10

02 单击"庭前芍药妖无格"图层左侧的灰色三角形按钮，展开"文本选项"，删除"动画 – 随机缩放"。

03 展开"文本"选项组，设置"位置"为（1000，-1000），"旋转"为 2x，"摆动选择器 –（按字符）"选项下的"摇摆 / 秒"为 0，如图 4-3-11 所示。

11. 修改位置属性

01 选中文字图层，按快捷键【Ctrl+D】组合键复制一层，改为"池上芙蕖净少情"，按【P】键展开"位置"属性，设置其值为（24，189）；选中"庭前芍药妖无格"层，按【P】键，设置"位置"为（205，293）。

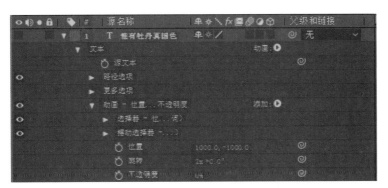

图 4-3-11

02 选中"池上芙蕖净少情"图层，按【Ctrl+D】复制一层，改为"唯有牡丹真国色"，按【P】键展开"位置"属性，设置其值为（302，400），如图 4-3-12 所示。

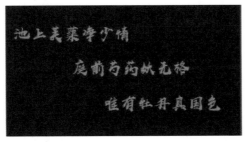

图 4-3-12

12. 新建"聚散文字"合成

01 选择"合成"→"新建合成"命令，命名为"聚散文字"，设置宽度为 720px，高度为 576px，持续时间为 3 秒，如图 4-3-13 所示。

图 4-3-13

02 双击项目面板，导入背景图。选中背景图拖到"聚散文字"合成中。

13. 加入"飞出"和"飞入"合成

选中"飞出"和"飞入"合成，将其拖到"聚散文字"合成的时间面板中。

14. 调整时间

01 选中"飞入"层，将时间调整到 1 秒位置，按【 [】键，设置入点。

02 选中"飞入"层，将时间调整到 1 秒位置，按【 T 】键，展开"透明度"属性，设置为 0，单击码表按钮，设置关键帧，将时间调整到 2 秒，设置"透明度"为 100%。

完成以上步骤并保存文件。

 知识与技能

字母汤：动画预设中自带的动画效果。选中文本，单击"动画预设"→"Text"→"Multi-Line"→"字母汤"，展开文本属性，就会看到自动添加了动画位置以及动画随机缩放，可以在两个动画基础上改变，达到动画效果。

任务四 制作表达式文字

 任务描述

本任务将运用表达式完成文字效果。通过本任务的学习，应掌握表达式的应用，具体包括表达式的创建、保存与调用，梯度渐变、CC Pixel Polly（CC 像素多边形）特效的应用。

 学习目标

◎掌握表达式的创建。

◎掌握表达式的保存与调用。

◎掌握 CC Pixel Polly（CC 像素多边形）特效的使用。

制作表达式文字视频

 方法与步骤

1. 新建"表达式文字"合成

01 选择"合成"→"新建合成"命令，命名为"表达式文字"，设置宽度为720 px，高度为 576 px，持续时间为 3 秒，如图 4-4-1 所示。

02 双击项目面板，导入背景图。选中背景图拖到"表达式文字"合成中。

2. 新建文本图层

选择"图层"→"新建"→"文本"命令，输入"送客苍溪县，山寒雨不开。"，设置字体、字号、颜色，如图 4-4-2 所示。

图 4-4-1

图 4-4-2

3. 属性参数

01 展开文字层，单击"文本"右侧的三角形"动画"按钮，在弹出的菜单中选择"字符位移"，设置"字符位移"为 44。

02 单击"动画制作工具 1"右侧三角形"添加"按钮，从弹出的菜单中选择"属性"命令，在打开的面板中设置"位置"为（0，-456），"不透明度"为 1%，如图 4-4-3所示。

图 4-4-3

03 展开"范围选择器 1"中的"高级"属性，设置"缓和低"为 50%，"随机顺序"为"开"，将时间调整到 0 秒位置，设置"偏移"为 –100，单击码表，做关键帧。

04 将时间调整到 2 秒位置，设置"偏移"为 100，系统自动设置关键帧，如图 4-4-4 所示。

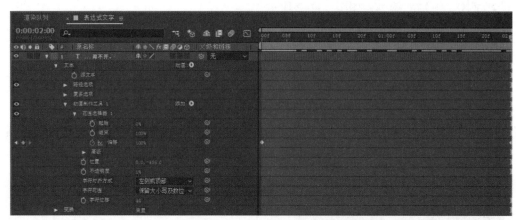

图 4-4-4

4．添加表达式

按【P】键展开"位置"属性，按住【Alt】键，单击左侧码表，时间轴会出现文本框，输入表达式"Wiggle（2,20）"，如图 4-4-5 所示。

图 4-4-5

提示：wiggle（2,20）表示每秒振动两次，每次振动 20 个像素。

完成以上步骤并保存文件。

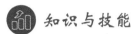 **知识与技能**

表达式：是由数字、算符、数字分组符号（括号）、自由变量和约束变量等组成的，以能求得数值的有意义排列方法所得的组合。After Effects 使用的是 Java 语言，并且在其中内嵌图层、合成、素材和摄像机之类的扩展对象。在编写表达式时，注意要区分大小写，需要使用分号作为一条语句的分行，单词间多余的空格将被忽略。

项 目 小 结

本项目介绍了 After Effects CC 2018 的几个文字动画效果的制作。通过本项目的学习，可以对项目中的文字进行字体、颜色、路径调整以及创建丰富多彩的文字动画效果。也可以使用预置的文字动画，直接调用制作文字效果。

能 力 提 升

为素材添加制作文字跳跃效果，效果如图 4-5-1 所示。

图 4-5-1

项目五
抠像技术的应用

本项目主要讲解 After Effecfts CC 2018 的抠像技术，包括使用 Keylight（键控）滤镜的基本抠像和高级抠像，以及使用 After Keying 插件提升绿屏抠像合成水平，恢复丢失的头发。抠像技术是影视特效制作中最常用的技术之一，在电影、电视中的应用极为普遍，国内很多电视节目、电视广告也一直在使用。

能力目标

◎ 能应用 Keylight 完成物体抠像。
◎ 能应用 Keylight 完成人物抠像。
◎ 能应用 After Keying 完成毛发抠像。

素质目标

◎ 培养学生贴近人文文化。
◎ 培养学生贴近校园文化。

任务一　制作物体抠像

任务二　制作人物抠像

任务三　制作毛发抠像

任务一 制作物体抠像

 任务描述

本任务将完成物体的绿屏抠像效果。通过本任务的学习，应掌握 Keylight 的基本抠像技术及曲线特效的使用。

 学习目标

◎掌握 Keylight 基本抠像技术。
◎掌握曲线特效的使用。

制作物体抠像视频

 方法与步骤

1. 新建"物体"合成

01 选择"合成"→"新建合成"命令，命名为"物体抠像"，设置宽度为 1 024 px，高度为 576 px，持续时间为 5 秒，如图 5-1-1 所示。

图 5-1-1

02 双击空白区域，导入"抠像"素材。

03 将"抠像"素材拖到合成"物体抠像"中调整"缩放"参数为 15。

2. 为"抠像"图层添加 Keylight（1.2）效果

01 在"效果和预设"面板中选择"抠像"→Keylight（1.2），并双击 Keylight（1.2）。

02 双击空白区域，导入"抠像"素材。

03 将"抠像"素材拖入合成"物体抠像"中调整"缩放"参数为 15。

04 使用 Screen Colour（屏幕色）右侧的"吸管工具"吸取"抠像"图层中的绿色。

05 展开 Screen Matter（屏幕蒙版）设置 Clip Black（剪切黑色）为 10，Clip White（剪切白色）为 69，Screen Despot B（屏幕独占黑色）为 3.6，Screen Despot W（屏幕独占白色）为 4，如图 5-1-2 所示。

图 5-1-2

3. 添加背景图，并合成效果

01 在空白处双击，导入"背景图"素材。

02 将"背景图"素材拖到合成"物体抠像"中，放置在"抠像"图层下面。

4. "抠像"图层属性参数

设置"缩放"为 10，"位置"为（765,120），如图 5-1-3 所示，抠像效果如图 5-1-4 所示。

图 5-1-3

5. 为"抠像"图层添加"曲线"效果

01 在"效果和预设"面板中搜索"曲线"，并双击"曲线"。

02 在"效果控件"中调整"曲线"。

03 在"效果控件"中，通道选择"红色"，调整红色曲线，如图 5-1-5 所示。

图 5-1-4

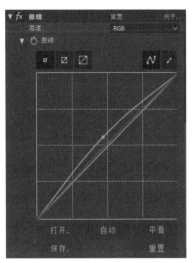

图 5-1-5

完成以上步骤并保存文件。

 知识与技能

Keylight：效果便于进行蓝、绿屏的抠像操作。

◎预览：设置预览方式。

◎屏幕颜色：设置需要抠除的背景颜色。

◎屏幕平衡：在抠像后设置合适的数值可提升抠像效果。

• 色彩偏移：可去除溢色的偏移程度。

• Alpha 偏移：设置透明度偏移程度。

• 锁定偏移：锁定偏移参数。

◎屏幕模糊：设置模糊程度。

◎屏幕遮罩：设置屏幕遮罩的具体参数。

• 内侧遮罩：设置参数，使其与图像更好地融合。

• 外侧遮罩：设置参数，使其与图像更好地融合。

任务二　制作人物抠像

 任务描述

本任务将完成人物的绿屏抠像效果。通过本任务的学习，应掌握颜色范围特效的使用以及曲线特效的使用。

学习目标

◎掌握颜色范围特效的使用。

◎掌握曲线特效的使用。

制作人物抠像视频

 方法与步骤

1. 新建"人物"合成

01 选择"合成"→"新建合成"命令，命名为"人物抠像"，设置宽度为 1024px，高度为 576px，持续时间为 5 秒，如图 5-2-1 所示。

图 5-2-1

02 双击空白区域，导入"抠像"素材。

03 将"抠像"素材拖到合成"人物抠像"中，调整"缩放"参数为 15，如图 5-2-2 所示。

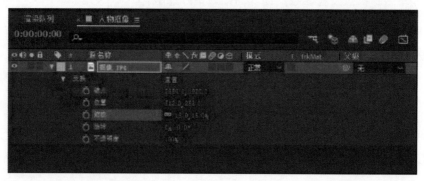

图 5-2-2

2. 为"抠像"图层添加"颜色范围"效果

01 在"效果和预设"面板中选择"抠像"→"颜色范围",并双击"颜色范围"。

02 使用"效果控件"面板中右侧的"吸管工具"吸取"抠像"图层中的绿色,如图 5-2-3 所示。

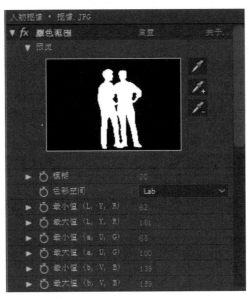

图 5-2-3

03 双击空白处,导入"背景图"素材。

04 将"背景图"素材拖到合成"人物抠像"中,放置在最底层,调整"缩放"参数为 114,如图 5-2-4 所示。

图 5-2-4

3. "抠像"图层属性参数

设置"位置"为(345,370),"缩放"为 13,如图 5-2-5 所示,抠像效果图 5-2-6 所示。

图 5-2-5

4. 为"抠像"图层添加"曲线"效果

01 在"效果和预设"面板中搜索"曲线",并双击"曲线"。

02 在"效果控件"中调整"曲线"。

03 在"效果控件"中,通道选择"绿色",调整绿色曲线,如图 5-2-7 所示。

图 5-2-6

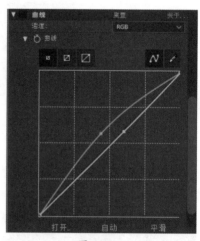

图 5-2-7

完成以上步骤并保存文件。

知识与技能

颜色范围:可以基于颜色范围进行抠像操作。

◎预览:可以直接观察键控选取效果。

◎模糊:设置模糊程度。

◎色彩空间:设置色彩空间为 Lab、YUV 或 RGB。

◎最小 / 大值:准确设置色彩空间参数。

任务三 制作毛发抠像

 任务描述

本任务将完成人物毛发的绿屏抠像效果。通过本任务的学习，应掌握 Keylight 的使用，以及 After Keying 的使用。

 学习目标

◎掌握 Keylight（键控）的使用。

◎掌握 After Keying 插件的使用。

 方法与步骤

制作毛发抠像视频

1. 导入"毛发抠像素材图"和"校园背景图"素材

01 选择"文件"→"导入"→"文件"命令，打开素材文件夹，选中"毛发抠像素材图"和"校园背景图"文件，单击"导入"按钮，如图 5-3-1 所示。

图 5-3-1

02 将"毛发抠像素材图"素材拖到合成面板中。

2. 为"抠像"图层添加 Keylight（1.2）效果

01 在"效果和预设"面板中选择"抠像"→Keylight（1.2），并双击 Keylight（1.2）。

02 使用 Screen Colour（屏幕色）右侧的"吸管工具"吸取"抠像"图层中的绿色。

03 设置 View（视图）方式为 Screen Matte（屏幕蒙版）模式。

04 设置 Clip Black（剪切黑色）值为 30，Clip White（剪切白色）值为 86，如图 5-3-2 所示。

05 设置 View（视图）方式为 RGB 模式。

06 在 Keylight（1.2）效果面板中，设置 View（视图）方式为 Intermediate Result。

3. 添加"高级溢出抑制器"

01 选择"效果"→"抠像"→"高级溢出抑制器"命令。

02 设置"方法"为"极致"，展开"极致设置"组，使用"抠像颜色"的"吸取工具"吸取 Keylight（1.2）已经吸取的屏幕色，如图 5-3-3 所示。

4. 将"校园背景图"拖入合成中，调整大小及位置

01 将"毛发抠像素材图"素材拖到合成面板中。

02 调整其大小及位置，如图 5-3-4 所示。

图 5-3-2

图 5-3-3

图 5-3-4

5. 添加 After Keying 脚本

01 选择"文件"→"脚本"→"After Keying"命令，打开 After Keying 面板。

02 在 After Keying 面板中选择 Refine Details Soft，单击 Create。

03 单击 Edge Details，选择效果控件，调整 Brightness 值为 4。

04 在"工具"面板中双击"矩形工具"，创建两个蒙版，羽化值设置为 200，如图 5-3-5 所示。

图 5-3-5

05 单击 Edge Details，在 After Keying 面板中，单击 Adjust Luma Change，调整曲线，如图 5-3-6 所示。

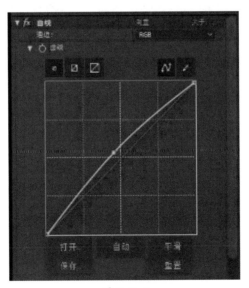

图 5-3-6

完成以上步骤并保存文件。

 知识与技能

使用 After Keying 将绿屏合成提升到一个新的水平。使用"优化细节"功能恢复丢失的头发，并通过单击添加 Atmosphere 将任何对象集成到场景中。

项 目 小 结

本项目介绍了 After Effects CC 2018 的抠像合成制作过程，通过本项目的学习，可以对物体、人物以及毛发制作抠像效果。抠像的好坏取决于两方面：一方面是前期拍摄的源素材；另一方面是后期合成制作中的抠像技术，所以选择抠像素材很重要。

能 力 提 升

使用素材完成毛发抠像，效果如图 5-4-1 所示。

图 5-4-1

项目六
炫彩特效的制作

本项目主要讲解 After Effects CC 2018 的炫彩特效，包括自然仿真、3D 图层和透视跟踪动画以及常见的片头特效等。灵活使用炫彩特效，可以增强画面的表现力与视觉效果，使视频更加生动绚丽。

能力目标

◎ 会制作自然仿真动画。

◎ 会修改 3D 图层的属性。

◎ 会制作透视跟踪动画。

◎ 会运用关键字插值制作动画。

◎ 会运用轨道遮罩制作遮罩动画。

素质目标

◎ 培养学生的创新精神。

◎ 培养学生贴近校园文化。

任务一　制作水珠滴落

任务二　制作 3D 海洋

任务三　制作透视跟踪动画

任务四　制作神秘宇宙片头

任务五　制作校园宣传片片头

任务六　制作水墨中国风片头

任务一　制作水珠滴落

✍ 任务描述

本任务将完成水珠的滴落仿真效果。通过本任务的学习，应掌握 CC Mr. Mercury（CC 水珠滴落）、快速方框模糊特效的应用。

📖 学习目标

◎掌握 CC Mr. Mercury（CC 水珠滴落）。

◎掌握快速方框模糊特效的使用。

制作水珠滴落视频

📎 方法与步骤

1. 新建"水珠滴落"合成

01 选择"合成"→"新建合成"命令，命名为"水珠滴落"，设置宽度为 720px，高度为 576px，持续时间为 5 秒，如图 6-1-1 所示。

02 选择"文件"→"导入"→"文件"命令，打开"导入文件"对话框，导入"背景 .jpg"文件，此时素材会添加到"项目"面板中，如图 6-1-2 所示。

03 在"项目"面板中拖动背景图片到"水珠滴落"合成中，并调整背景图片的大小，如图 6-1-3 所示。

2. 复制背景图层

选中背景层，按【Ctrl+D】组合键复制背景图层，如图 6-1-4 所示。

3. 为背景图层添加 CC Mr. Mercury（CC 水珠滴落）特效

01 在"效果和预设"面板中搜索 CC Mr. Mercury，双击 CC Mr. Mercury 特效，如图 6-1-5 所示。

图 6-1-1

图 6-1-2

图 6-1-3

图 6-1-4

02 在效果控件中设置 Radius X（X 轴半径）为 181.0，Radius Y（Y 轴半径）为 95.0，Producer（发生器位置）为（360，0），Velocity（速度）为 0，Birth Rate（出生率）为 0.2，Longevity（寿命）为 4，Gravity（重力）为 0.4，Animation（动画）为 Direction（方向性分散），Influence Map（影响贴图）为 Constant Blobs（连续水滴），Blob Birth Size（出生水滴大小）为 0.22，Blob Death Size（死亡水滴大小）为 0.25，如图 6-1-6 所示。

图 6-1-5

图 6-1-6

此时，拖动时间轴，可以看到水滴效果，如图 6-1-7 所示。

4. 为下方的背景图层添加"快速方框模糊"特效，制作背景的模糊效果

01 选中下方的背景图层，在"效果和预设"面板中搜索"快速方框模糊"，双击"快速方框模糊"特效，如图 6-1-8 所示。

图 6-1-7

图 6-1-8

02 将时间轴调整至 0:00:02:10 帧的位置，设置模糊半径为 0，单击"模糊路径"前的码表按钮设置关键帧。将时间轴调整至 0:00:03:00 帧的位置，设置模糊半径为 15，如图 6-1-9 所示。

图 6-1-9

5. 为上方的背景图层添加"快速方框模糊"特效，制作水滴的模糊效果

01 选中上方的背景图层，在"效果和预设"面板中搜索"快速方框模糊"，双击"快速方框模糊"特效，如图 6-1-10 所示。

02 将时间轴调整至 0:00:02:10 帧的位置，设置模糊半径为 15，单击"模糊路径"前的码表按钮设置关键帧。将时间轴调整至 0:00:03:00 帧的位置，设置模糊半径为 0，如图 6-1-11 所示。

图 6-1-10

至此,"水珠滴落"特效全部完成,按小键盘上的【0】键或空格键可以预览整体效果。

图 6-1-11

 知识与技能

CC Mr. Mercury(CC 水银滴落):是一种液体状态的效果,属于粒子衍生效果属性,可制作液体水珠等效果。

◎ Radius X/Y(X/Y 轴半径):设置 X/Y 轴上粒子的分布。

◎ Producer(发生器):设置发生器的位置。

◎ Direction(方向):设置粒子流动的方向。

◎ Velocity(速度):设置粒子的分散程度。值越大,越分散。

◎ Birth Rate(出生率):设置在一定时间内产生的粒子数量。

◎ Longevity(寿命):设置粒子的存活时间,其单位为秒。

◎ Gravity(重力):设置粒子下落的重力大小。

◎ Resistance(阻力):设置粒子产生时的阻力。值越大,粒子发射的速度越小。

◎ Extra(追加):设置粒子的扭曲程度。当 Animation(动画)右侧的粒子方式为 Explosive(爆炸)时才有效。

◎ Blob Influence(水滴影响):设置对每滴水银的影响力大小。

◎ Influence Map(影响贴图):在右侧的下拉列表中可以选择影响贴图的方式。

◎ Blob Birth Size(出生水滴尺寸):设置粒子产生时的尺寸大小。

◎ Blob Death Size(死亡水滴尺寸):设置粒子死亡时的尺寸大小。

任务二 制作 3D海洋

 任务描述

本任务将完成海洋波浪特效动画。通过本任务的学习学会 3D 图层、动态拼贴、快速方框模糊、置换图、镜像等特效的应用。

制作 3D 海洋视频

学习目标

◎掌握 3D 图层的使用。

◎掌握"动态拼贴"特效的使用。

◎掌握"快速方框模糊"特效的使用。

◎掌握"置换图"特效的使用。

◎掌握"镜像"特效的使用。

 方法与步骤

1. 新建"波浪"合成

选择"合成"→"新建合成"命令，命名为"波浪"，预设：PAL D1/DV，设置宽度为 720px，高度为 576px，持续时间为 5 秒，如图 6-2-1 所示。

2. 新建纯色图层

选择"图层"→"新建"→"纯色"命令，命名为"白色 纯色 1"，颜色为白色，如图 6-2-2 所示。

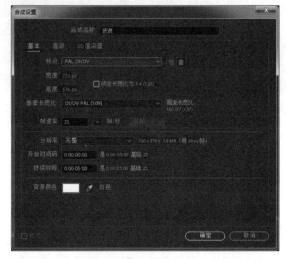

图 6-2-1

3. 为"白色 纯色 1"图层添加"分形杂色"特效

01 在"效果和预设"面板中搜索"分形杂色"，双击"杂色和颗粒"效果组下的"分形杂色"特效，如图 6-2-3 所示。

图 6-2-2

图 6-2-3

02 在"效果控件"中设置"分形类型"为"动态渐进"，"杂色类型"为"线性"，将时间轴调整至 0 秒位置，设置"演化"为 0°，单击"演化"前的码表按钮设置关键帧。将时间轴调整至 0:00:05:00 帧的位置，设置"演化"为 720°，如图 6-2-4 所示。

4. 为"白色 纯色 1"图层添加"快速方框模糊"特效

01 选中"白色 纯色 1"图层，在"效果和预设"面板中搜索"快速方框模糊"，双击"快速方框模糊"特效，如图 6-2-5 所示。

图 6-2-4   图 6-2-5

02 在效果控件中设置"模糊半径"为 15，选中"重复边缘像素"复选框，如图 6-2-6 所示。

5. 为"白色 纯色 1"图层设置 3D 参数

打开"白色 纯色 1"图层 3D 开关，调整"方向"属性参数为（720°，0°，0°），"X 轴旋转"为 13°，并适当调整大小和位置参数，如图 6-2-7 所示。

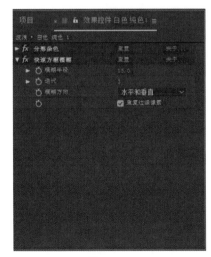

图 6-2-6   图 6-2-7

此时画面效果如图 6-2-8 所示。

图 6-2-8

6. 新建"海洋"合成

选择"合成"→"新建合成"命令，命名为"海洋"，设置预设为 PAL D1/DV，宽度为 720 px，高度为 576 px，持续时间为 5 秒，如图 6-2-9 所示。

图 6-2-9

7. 导入素材

01 选择"文件"→"导入"→"文件"命令，打开"导入文件"对话框，导入"背景 .jpg"文件，此时素材会添加到"项目"面板中，如图 6-2-10 所示。

02 在"项目"面板中拖动背景图片和"波浪"合成到"海洋"合成中。选中背景层，按【Ctrl+Alt+F】组合键缩放素材到合成大小，如图 6-2-11 所示。

图 6-2-10

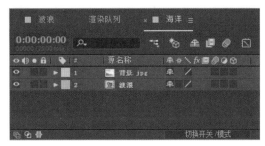

图 6-2-11

8. 为背景图层添加"动态拼贴"效果

01 选中背景图层，在"效果和预设"面板中搜索"动态拼贴"，双击"动态拼贴"特效，如图 6-2-12 所示。

02 在效果控件中设置"拼贴中心"为（2430.0，0），"输出高度"为 150，选中"镜像边缘"复选框，参数如图 6-2-13 所示，画面效果如图 6-2-14 所示。

图 6-2-12

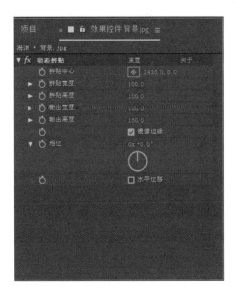

图 6-2-13

9. 新建调整图层

选择"图层"→"新建"→"调整图层"命令，创建"调整图层"，如图 6-2-15 所示。

图 6-2-14

图 6-2-15

10. 为调整图层添加 "置换图" 效果

01 选中调整图层，在"效果和预设"面板中搜索"置换图"，双击"置换图"特效，如图 6-2-16 所示。

02 设置"置换图层"为"波浪"，"用于水平置换"和"用于垂直置换"为"亮度"，"最大水平置换为 50"，选中"像素回绕"复选框，如图 6-2-17 所示。

图 6-2-16

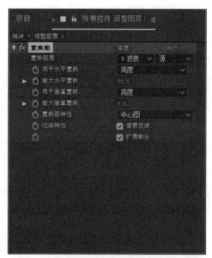

图 6-2-17

11. 为背景图层添加"曲线"特效

01 选中背景图层，在"效果和预设"面板中搜索"曲线"，双击"曲线"特效，如图 6-2-18 所示。

02 调整"曲线"形状，从"通道"下拉菜单中，分别选择 RGB、蓝色，调整曲线形状，改变颜色。曲线形状如图 6-2-19 所示，画面效果如图 6-2-20 所示。

12. 新建纯色图层

01 选择"图层"→"新建"→"纯色"命令，命名为"白色 纯色 2"，颜色为白色，如图 6-2-21 所示。

图 6-2-18

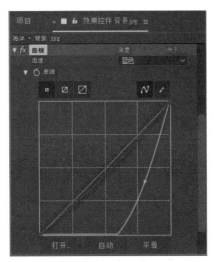

图 6-2-19

图 6-2-20

图 6-2-21

02 调整 "白色 纯色 2" 图层至调整图层下方，如图 6-2-22 所示。

03 使用 "椭圆工具" 按住【Shift】键在 "白色 纯色 2" 图层上绘制一个圆形蒙版，如图 6-2-23 所示。

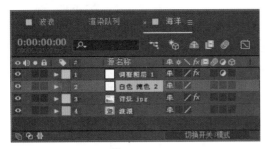

图 6-2-22

图 6-2-23

04 设置"蒙版羽化"为（10，10），如图 6-2-24 所示。

13. 为"白色 纯色 2"图层添加"快速方框模糊"特效

01 选中"白色 纯色 2"图层，在"效果和预设"面板中搜索"快速方框模糊"，双击"快速方框模糊"特效，如图 6-2-25 所示。

图 6-2-24   图 6-2-25

02 在"效果控件"中设置"模糊半径"为 3，如图 6-2-26 所示。

14. 为"白色 纯色 2"图层添加"分形杂色"特效

01 在"效果和预设"面板中搜索"分形杂色"，双击"杂色和颗粒"效果组下的"分形杂色"特效，如图 6-2-27 所示。

图 6-2-26   图 6-2-27

02 在"效果控件"中设置"杂色类型"为"线性"，选中"反转"复选框，"亮

度"为40，如图6-2-28所示。

15. 为"白色 纯色 2"图层添加"发光"特效

01 选中"白色 纯色 2"图层，在"效果和预设"面板中搜索"发光"，双击"风格化"效果组下的"发光"特效，如图6-2-29所示。

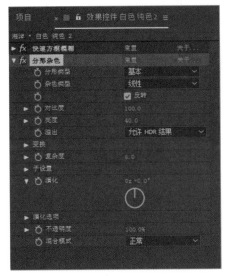

图 6-2-28

图 6-2-29

02 在"效果控件"中设置"发光半径"为60，"合成原始项目"为"顶端"，"发光颜色"为"A 和 B 颜色"，"颜色 B"设置为"偏白色"（#E4E4E4），如图6-2-30所示。

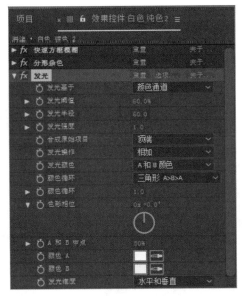

图 6-2-30

16. 新建调整图层

01 选择"图层"→"新建"→"调整图层"命令，创建"调整图层"，如图 6-2-31 所示。

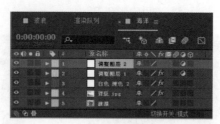

图 6-2-31

02 选中"调整图层 2"，使用"椭圆工具"在天空与海面交汇处绘制一个椭圆形蒙版，如图 6-2-32 所示。

图 6-2-32

03 设置"蒙版羽化"为（45，45），如图 6-2-33 所示。

17. 为调整图层 2 添加"快速方框模糊"特效

01 选中"调整图层 2"，在"效果和预设"面板中搜索"快速方框模糊"，双击"快速方框模糊"特效，如图 6-2-34 所示。

图 6-2-33

图 6-2-34

02 在"效果控件"中设置"模糊半径"为5，如图6-2-35所示。

18. 纯色图层设置

01 选中"白色 纯色2"图层，右击选择"预合成"命令，打开"预合成"对话框，选中"将所有属性移动到新合成"单选按钮，如图6-2-36所示。

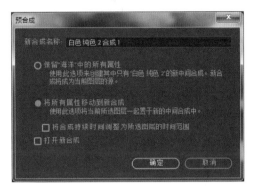

图 6-2-35

图 6-2-36

02 双击打开"白色 纯色2合成1"，将时间轴调整到0秒位置，打开"蒙版路径"，调整月亮的起始位置后，单击"蒙版路径"前的码表按钮设置关键帧，如图6-2-37所示。

03 此时可以切换到"海洋"合成，观察月亮的起始位置，如图6-2-38所示。

图 6-2-37

图 6-2-38

04 返回"白色 纯色2合成1"，将时间轴调整到4秒位置，打开"蒙版路径"，调整月亮的结束位置到画面的顶部，系统会自动添加关键帧，如图6-2-39所示。

图 6-2-39

05 返回"海洋"合成，可以预览月亮移动的动画和月亮的移动结束位置，如图 6-2-40 所示。

图 6-2-40

19. 为纯色合成添加"镜像"特效

01 在"海洋"合成中，选中"白色 纯色 2 合成 1"，在"效果和预设"面板中搜索"镜像"，双击"镜像"特效，如图 6-2-41 所示。

02 将时间轴调整至 1 秒位置，在"效果控件"中设置"反射中心"的位置在月亮下方，"反射角度"为 90°，如图 6-2-42 所示。

至此，"3D 海洋"特效全部完成，按小键盘上的【0】键或空格键可以预览整体效果。

图 6-2-41

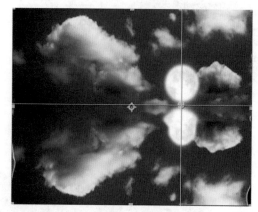

图 6-2-42

知识与技能

（1）动态拼贴：在图像外再镜像一些像素，可以延长图层的边缘，输出的宽度和高度表示延长的尺寸。

（2）置换图：可让用户定义一个素材画面来作为映射层，并置换出原图像上的像素，从而使作用的画面产生动态立体的效果。

◎置换图层：选择作为置换图层的图层。

◎用于水平 / 垂直置换：调整水平或垂直方向的通道。

◎最大水平 / 垂直置换：调整映射层的水平或垂直位置。

◎置换图特性：用于设置映射的方式，可以选择居中映射、自适应映射、平铺映射 3 种方式。

◎边缘特性：用于设置边缘行为，其中"像素回绕"可以锁定边缘像素，"扩展输出"可以设置特效果伸展到原图像边缘外。

任务三　制作透视跟踪动画

任务描述

本任务将完成透视跟踪动画特效。通过本任务的学习，应该掌握透视跟踪的使用方法，能够理解跟踪动画的作用和使用场景。

学习目标

◎掌握透视跟踪的使用方法。

◎能够进行跟踪分析并调试错误。

◎理解跟踪动画的作用和应用场景。

制作透视跟踪动画视频

方法与步骤

1. 新建"透视跟踪动画"合成

选择"合成"→"新建合成"命令，命名为"透视跟踪动画"，设置预设为HDTV 1080 25，宽度为 1 920 px，高度为 1 080 px，持续时间为 6 秒，如图 6-3-1 所示。

2. 导入素材

01 选择"文件"→"导入"→"文件"命令，打开"导入文件"对话框，导入"透视跟踪 .mov"和"画面 .jpeg"文件，此时素材会添加到"项目"面板中，如图 6-3-2所示。

02 在"项目"面板中拖动"透视跟踪 .mov"和"画面 .jpeg"到"透视跟踪动画"合成中，如图 6-3-3 所示。

3. 隐藏"画面"层

在"透视跟踪动画"合成中，取消勾选"画面"图层前的视频选项，隐藏"画面"图层，如图 6-3-4 所示。

图 6-3-1

图 6-3-2

图 6-3-3

图 6-3-4

4. 为"透视跟踪"层添加跟踪运动

选中"透视跟踪"图层，选择"动画"→"跟踪运动"命令，打开"跟踪器"面板，如图 6-3-5 所示。

5. 对图像进行透视跟踪

01 在"跟踪类型"下拉菜单中，选择"透视边角定位"，如图 6-3-6 所示。

图 6-3-5

图 6-3-6

02 将时间轴调整至 0 秒位置，在合成窗口中分别移动跟踪点 1、跟踪点 2、跟踪点 3、跟踪点 4 的跟踪范围框到镜框 4 个角的位置，如图 6-3-7、图 6-3-8 所示。

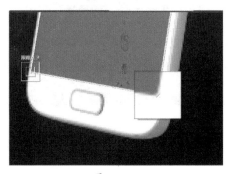

图 6-3-7

图 6-3-8

03 调整搜索区（外框）域及特征区域（内框）的位置，如图 6-3-9 所示。

6. 进行跟踪分析

在"跟踪器"面板中，单击"分析"右侧的"向前分析"按钮对跟踪进行分析。如果某个位置出现跟踪错误，可以将时间滑块拖动到错误位置，再次调整跟踪范围框的位置及大小，进行分析，如图 6-3-10 所示。

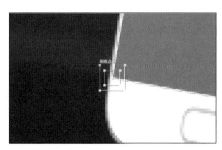

图 6-3-9

图 6-3-10

7. 打开"画面"层

在"透视跟踪动画"合成中，选中"画面"图层前的视频选项，打开"画面"图层，如图 6-3-11 所示。

8. 将运动运用于"画面"层

在"跟踪器"面板中，单击"编辑目标"按钮，打开"运动目标"对话框，设置将运动运用于"画面.jpeg"，单击"确定"按钮，如图 6-3-12 所示。然后，在"跟踪器"面板中，单击"应用"按钮。

图 6-3-11

图 6-3-12

至此，"透视跟踪"特效全部完成，按小键盘上的【0】键或空格键就可以预览整体效果。

知识与技能

（1）跟踪用途：

◎融合多个动态元素，通过获取一个视频当中元素的运动轨迹，将另一个动态或静态元素链接到该运动点上跟随运动。

◎获取视频当中某元素点的运动，将运动属性赋予其他的效果属性，例如获取画面中汽车运动轨迹数据赋予立体声音频左右声道变动属性，制造逼真的汽车跑过的声效。

◎获取视频素材运动轨迹，通过反相计算以稳定素材，例如稳定手持照相机拍摄的画面抖动。

◎获取素材中摄像机运动轨迹，从而建立模拟摄像机，使得新增加的三维元素能够同视频素材统一运动。

◎降低素材的编码大小，稳定过的素材要比晃动的素材易于压缩编码，输出的素材更小。

（2）跟踪器：

◎跟踪摄像机：自动获取视频素材中摄像机的运动数据。

◎变形稳定器：自动消除因拍摄时摄像机的晃动而出现的画面抖动。

◎跟踪运动：最常用的跟踪工具，可以选定视频当中的运动元素，添加跟踪点，获取其运动路径数据，将运动数据赋予其他的元素。

◎稳定运动：原理与跟踪相同，只是获取数据后将数据反相用于素材本身从而实现自身运动的稳定。

任务四 制作神秘宇宙片头

 任务描述

本任务将完成神秘宇宙片头的开场特效。通过本任务的学习，应掌握"碎片"、"发光"和"CC Force Motion Blur（强制动态模糊）"特效的使用，能够理解关键帧插值的概念。

 学习目标

◎掌握"碎片"特效。

◎掌握"发光"特效。

◎掌握 CC Force Motion Blur 特效。

◎理解关键帧插值的概念。

制作神秘宇宙片头视频

 方法与步骤

1. 新建"爆炸"合成

选择"合成"→"新建合成"命令，命名为"爆炸"，设置宽度为720px，高度为480px，持续时间为5秒，如图6-4-1所示。

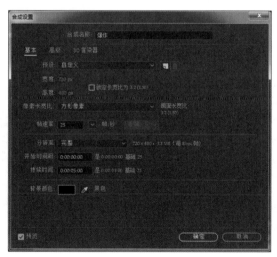

图 6-4-1

2. 导入素材

01 选择"文件"→"导入"命令，打开"导入文件"对话框，导入"爆炸 .mov"、"地球素材 .mov"和"背景 .jpg"文件，此时素材会添加到"项目"面板中，如图6-4-2所示。

02 在"项目"面板中拖动"爆炸 .mov"、"地球素材 .mov"和"背景 .jpg"到"爆炸"合成中。选中背景层,按【Ctrl+Alt+F】组合键缩放素材到合成大小。将爆炸图层的叠加模式改为"相加",如图 6-4-3 所示。

图 6-4-2

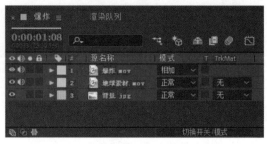

图 6-4-3

此时的画面效果如图 6-4-4 所示。

3. 为地球素材图层创建椭圆遮罩

01 使用"椭圆工具"按住【Shift】键在"地球素材"图层上绘制一个圆形蒙版。按【Ctrl+T】组合键,调整蒙版的大小和位置,使其与地球边缘贴合,如图 6-4-5 所示。

图 6-4-4

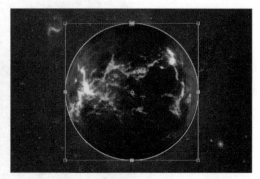

图 6-4-5

02 设置"蒙版羽化"为(45,45),"蒙版扩展"为 –12 像素,如图 6-4-6 所示。

4. 为地球素材图层添加"碎片"特效

01 选中地球素材图层,在"效果和预设"面板中搜索"碎片",拖动"碎片"特效至地球素材图层的时间轴上,如图 6-4-7 所示。

图 6-4-6

图 6-4-7

02 在"效果控件"中设置"视图"为"已渲染"。展开"形状"选项组，设置"图案"为"玻璃"，"重复"为60，"凸出深度"为0.5。展开"作用力1"选项组，设置强度为8.8，如图6-4-8所示。

03 在"效果控件"中展开"物理学"选项组，设置"旋转速度"为0.2，"大规模方差"为42%，"重力"为1。展开"纹理"选项组，设置"摄像机系统"为"合成摄像机"。展开"灯光"选项组，设置"环境光"为0.34，如图6-4-9所示。

图 6-4-8

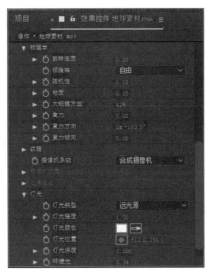

图 6-4-9

04 将时间轴调整到 0 秒位置，设置"作用力 1"选项组中的"半径"为 0，单击"半径"前的码表按钮设置关键帧。按【U】键在时间轴面板中展开关键帧属性，如图 6-4-10 所示。

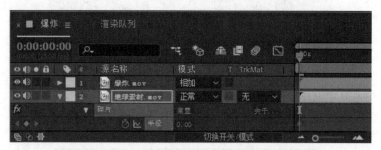

图 6-4-10

05 按住【Ctrl+Alt】组合键的同时，单击时间轴上的关键帧，切换为定格关键帧，此时该关键帧会变为箭头形状，如图 6-4-11 所示。

图 6-4-11

06 将时间轴调整至 0:00:02:00 帧的位置，设置"半径"为 0.4。此时系统会自动添加关键帧。右击该关键帧，选择"关键帧插值"命令，设置"临时插值"为"贝塞尔曲线"，如图 6-4-12 所示。

5. 创建摄像机图层

选择"图层"→"新建"→"摄像机"命令，创建摄像机图层，设置摄像机缩放为 156，如图 6-4-13 所示。

图 6-4-12

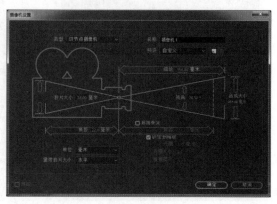

图 6-4-13

此时时间轴 0:00:02:00 帧时的画面效果如图 6-4-14 所示。

6. 新建调整图层

选择"图层"→"新建"→"调整图层"命令，创建"调整图层"，如图 6-4-15 所示。

图 6-4-14

图 6-4-15

7. 为调整图层 1 添加"发光"特效

01 选中"调整图层 1"，在"效果和预设"面板中搜索"发光"，双击"风格化"效果组下的"发光"特效，如图 6-4-16 所示。

02 在"效果控件"中设置"发光半径"为 43，如图 6-4-17 所示。

图 6-4-16

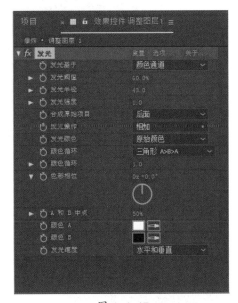

图 6-4-17

8. 新建"光环"合成

选择"合成"→"新建合成"命令，命名为"光环"，设置宽度为 1200px，高度为 1200px，持续时间为 5 秒，如图 6-4-18 所示。

9. 新建纯色图层

选择"图层"→"新建"→"纯色"命令，颜色为橙色（#DE9F09），如图 6-4-19 所示。

图 6-4-18　　　　　　　　　　　　　　　　图 6-4-19

10. 为"橙色 纯色 1"图层创建椭圆遮罩

01 使用"椭圆工具"按住【Shift】键在"橙色 纯色 1"图层上绘制一个圆形蒙版，如图 6-4-20 所示。

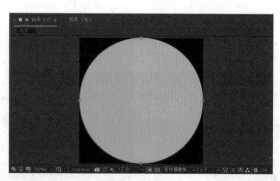

图 6-4-20

02 选中"蒙版 1"，按【Ctrl+D】组合键复制一个蒙版，并设置蒙版 1 的"蒙版羽化"为 15，如图 6-4-21 所示。

03 设置蒙版 2 的"蒙版羽化"为 220，修改"模式"为相减，"蒙版扩展"为 -100，如图 6-4-22 所示。

图 6-4-21　　　　　　　　　　　　　　　　图 6-4-22

至此，"光环"合成的制作全部完成，画面效果如图 6-4-23 所示。

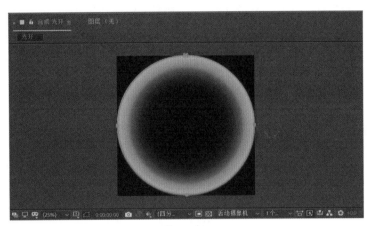

图 6-4-23

11. 将"光环"合成并入"爆炸"合成

在"项目"面板中拖动"光环"合成到"爆炸"合成中。打开"3D 图层开关"，设置"混合模式"为"相加"，如图 6-4-24 所示。

12. 调整"光环"图层属性

01 在"爆炸"合成中，选中"光环"图层，按【R】键展开方向属性，修改"方向"属性数值为（278，16，0），如图 6-4-25 所示。

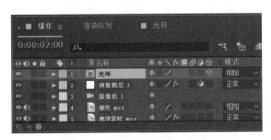

图 6-4-24

图 6-4-25

02 按【S】键展开缩放属性，将时间轴调整至 0:00:02:02 帧的位置，设置"缩放"属性数值为 50%，单击"缩放"前的码表按钮设置关键帧。将时间轴调整至 0:00:02:18 帧的位置，设置"缩放"属性数值为 130%，如图 6-4-26 所示。

图 6-4-26

03 按【T】键展开不透明度属性，将时间轴调整至 0:00:02:02 帧的位置，设置"不透明度"属性值为 0，单击"不透明度"前的码表按钮设置关键帧。将时间轴调整至 0:00:02:03 帧的位置，设置"不透明度"属性值为 100。将时间轴调整至 0:00:02:12 帧的位置，设置"不透明度"属性值为 100，单击"不透明度"左侧的记录关键帧按钮 ◇，添加关键帧。将时间轴调整至 0:00:02:07 帧的位置，设置"不透明度"属性值为 0，如图 6-4-27 所示。

图 6-4-27

13. 为"光环"图层添加"发光"特效

01 在"爆炸"合成中，选中"光环"图层，在"效果和预设"面板中搜索"发光"，双击"风格化"效果组下的"发光"特效，如图 6-4-28 所示。

02 在"效果控件"中设置"发光半径"为 247，如图 6-4-29 所示。

图 6-4-28

图 6-4-29

14. 新建调整图层

选择"图层"→"新建"→"调整图层"命令，创建"调整图层"，如图 6-4-30 所示。

15. 为调整图层 2 添加 CC Force Motion Blur 特效

01 选中"调整图层 2"，在"效果和预设"面板中搜索 CC Force Motion Blur（强制动态模糊），双击 CC Force Motion Blur 特效，如图 6-4-31 所示。

图 6-4-30

图 6-4-31

02 设置 Motion Blur Sample（动态模糊样本）数值为 5，如图 6-4-32 所示。

图 6-4-32

16．新建文字合成

选择"合成"→"新建合成"命令，命名为"文字合成"，设置宽度为 1200 px，高度为 1200 px，持续时间为 5 秒，如图 6-4-33 所示。

17．输入文本

01 在"文字合成"中使用文字工具输入相应文本，如图 6-4-34 所示。

02 在"字符"面板中适当调整文字大小等属性，如图 6-4-35 所示。

18．将"文字合成"并入"爆炸"合成

在"项目"面板中拖动"文字合成"到"爆炸"合成中，如图 6-4-36 所示。

图 6-4-33

图 6-4-34

图 6-4-35

图 6-4-36

19. 调整"文字合成"图层属性

01 在"爆炸"合成中,选中"文字合成"图层,展开"变换"选项组,将时间轴调整至 0:00:02:05 帧的位置。设置"位置"属性为(360,240),"缩放"属性为 0,"不透明度"属性为 0,分别点击"位置"、"缩放"和"不透明度"前的码表按钮设置关键帧,如图 6-4-37 所示。

02 将时间轴调整至 0:00:02:08 帧的位置,设置"不透明度"属性为 100%,如图 6-4-38 所示。

03 将时间轴调整至 0:00:02:22 帧的位置,设置"位置"属性为(360,273),"缩放"属性为 100%,如图 6-4-39 所示。

至此,"神秘宇宙片头"特效全部完成,按小键盘上的【0】键或空格键可以预览整体效果。

图 6-4-37

图 6-4-38

图 6-4-39

 知识与技能

（1）碎片：此特效模拟一个层爆炸的效果。基本功能是将所应用的层分裂成指定形状的三维碎片。在分裂层的过程中，可以对碎片的形状、分裂的先后顺序、受力影响情况、灯光、摄像机系统等进行自定义，功能很强。

◎形状：可以设置层分裂形状，还可以自定义分裂的形状。

◎作用力：碎片特效把作用力作为一个球，所以它的中心是有着三维坐标的，"位置"代表 X、Y 轴的坐标，"深度"代表 Z 轴坐标，"半径"决定球的大小，"强度"决定碎片的飞行速度，正值使碎片飞离球心，负值则相反。

◎渐变：可以设置分裂方式，通过图像的明度确定分裂方式。

◎物理学：设置物理力学的影响产生各种爆炸效果。

◎纹理：控制碎片的材质。

（2）切换定格关键帧：操作后关键帧形状由菱形变为三角形加矩形，产生的效果是：自该关键帧后数值持续固定直至指针到下一个关键帧位置时数值发生变动。

（3）关键帧的插值：修改关键帧在时间和空间上样条线的流动方式，单击后会打开"插值"对话框。

◎线性插值：AE 默认的插值方式，各关键帧之间保持一致的变化率，不存在加速或者减速运动。

◎贝塞尔曲线：在路径上将尖角变为圆角，并产生左右两个可分开操控的手柄，拖动手柄，可改变动画的运动速度；关键帧图标变成漏斗状。

◎连续贝塞尔曲线：功能与贝塞尔曲线相同，区别是连续贝塞尔曲线的手柄两端是固定的，不可以单独调节；关键帧形状以及快捷键与贝塞尔曲线相同，选择锁定传出到传入即可。

◎自动贝塞尔曲线：可以在不同的关键帧之间保持平滑过渡，对插值图两边的线段形状做自动调节，相当于一种自动调节形成的贝塞尔曲线。如果手动调整，则是连续贝塞尔曲线；关键帧形状变成圆点。

任务五　制作校园宣传片片头

 ## 任务描述

本任务将完成校园宣传片的开场特效。通过本任务的学习，应掌握逐字动画特效的制作，理解图层的入点和出点的概念，能够制作小清新风格的视频片头。

 ## 学习目标

◎理解图层的入点和出点的概念。

◎能通过调整图层出入点制作动画效果。

◎掌握制作逐字动画效果的方法。

制作校园宣传片片头视频

方法与步骤

1. 新建"笔刷图片动画"合成

选择"合成"→"新建合成"命令，命名为"笔刷图片动画"，设置预设为 HDTV 1080 25，宽度为 1 920 px，高度为 1 080 px，持续时间为 15 秒，如图 6-5-1 所示。

2. 导入素材

01 选择"文件"→"导入"命令，打开"导入文件"对话框，打开"素材"文件夹，将文件夹内所有素材导入，此时素材会添加到"项目"面板中，如图 6-5-2 所示。

02 在"项目"面板中拖动"笔触图 .jpeg"、"校园风景图 .jpg"和"图片背景 .jpg"到"笔刷图片动画"合成中，如图 6-5-3 所示。

3. 调整"笔触图"图层"变换"属性

单击"笔触图"图层前三角按钮，展开"变换"属性，调整位置属性为（904，256），旋转属性为 17°，如图 6-5-4 所示。

图 6-5-1

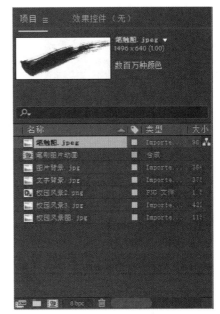

图 6-5-2

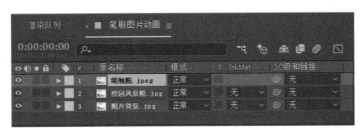

图 6-5-3

图 6-5-4

4. 为"笔触图"图层添加"曲线"效果

01 选中"笔触图"图层,在"效果和预设"面板中搜索"曲线",双击"曲线"特效,如图 6-5-5 所示。

02 调整"曲线"形状,从"通道"下拉菜单中选择 RGB,调整曲线形状,改变颜色。曲线形状如图 6-5-6 所示。

图 6-5-5

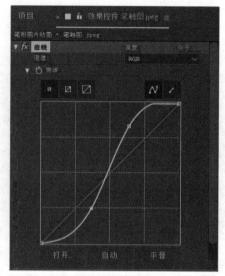

图 6-5-6

5. 使用钢笔工具制作蒙版

01 选中"笔触图"图层，选择"钢笔工具"，在画面外围绘制一个图层蒙版，如图 6-5-7 所示。

图 6-5-7

02 单击"笔触图"图层前的三角按钮，展开"蒙版"属性，将时间轴调整至 0 秒位置，单击"蒙版路径"前的码表按钮设置关键帧，如图 6-5-8 所示。

03 将时间轴调整至 0:00:00:10 帧的位置，拖动蒙版右侧锚点右移，并设置蒙版羽化为（50，50），效果如图 6-5-9 所示。

图 6-5-8

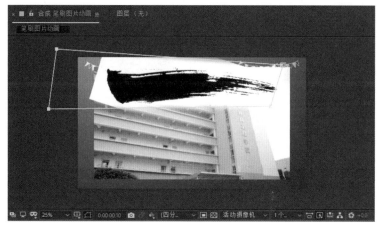

图 6-5-9

6. 复制 4 次"笔触图"图层

选中"笔触图"图层，按【Ctrl+D】组合键 4 次，复制 4 次"笔触图"图层，并分别重命名为"笔触图 2""笔触图 3""笔触图 4""笔触图 5"，如图 6-5-10 所示。

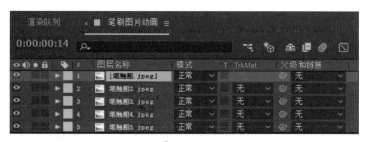

图 6-5-10

7. 调整各层"变换"属性

01 选中所有笔触层，按【P】键打开位置属性，调整各层位置参数，参数如图 6-5-11 所示，画面效果如图 6-5-12 所示。

02 选择笔触图 2 和笔触图 4，选择"图层"→"变换"→"水平翻转"命令。按【R】键打开旋转属性，修改"旋转"属性值为 –21，如图 6-5-13 所示。

图 6-5-11

图 6-5-12

此时画面效果如图 6-5-14 所示。

图 6-5-13

图 6-5-14

8. 合并所有笔触图层为笔刷动画合成

选择所有笔触图层，右击选择"预合成"命令，设置新合成名称为"笔刷动画"，如图 6-5-15 所示。

9. 在笔刷动画合成中新建纯色图层

双击打开笔刷动画合成，在笔刷动画合成中选择"图层"→"新建"→"纯色"命令，设置颜色为白色（见图 6-5-16），并将新建的纯色图层拖至最下层。

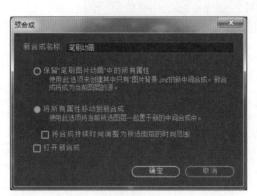

图 6-5-15

图 6-5-16

10. 修改所有图层的混合模式为相乘

在笔刷动画合成中，选择全部图层，修改图层混合模式为"相乘"，如图 6-5-17
所示。

11. 调整所有笔触图层的入点顺序

选中所有笔触图层，按【U】键展开蒙版路径属性。选择"笔触图 2"，将"笔触图 2"
的入点拖动至 0:00:00:10 帧的位置（注意蒙版路径的关键帧位置应与入点一同移动），
将"笔触图 3"的入点拖动至 0:00:00:20 帧的位置，依次类推。完成后可拖动时间轴
预览笔刷动画，如图 6-5-18 所示。

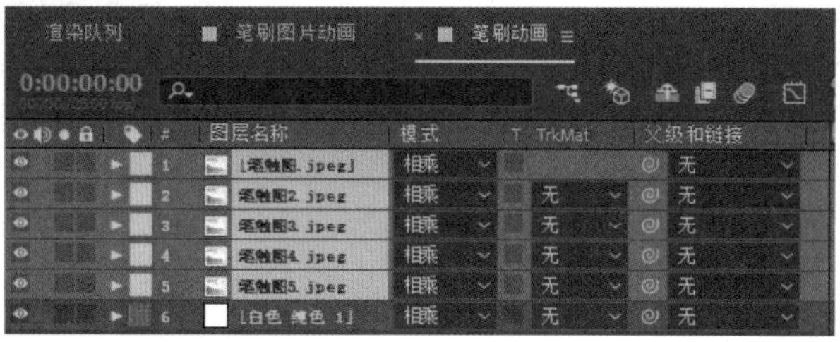

图 6-5-17

图 6-5-18

12. 为校园风景图设置轨道遮罩

在笔刷图片动画合成中，选择校园风景图层，设置轨道遮罩为"亮度反转遮罩"。
若无轨道遮罩选项，可单击时间轴下方的"切换开关 / 模式"进行切换，如图 6-5-19
所示。

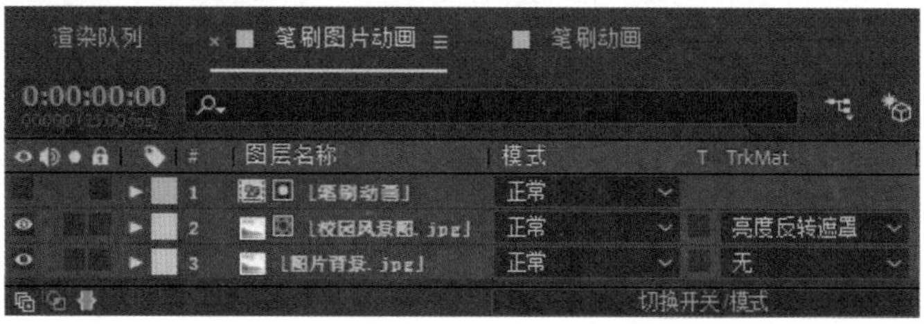

图 6-5-19

此时画面效果如图 6-5-20 所示。

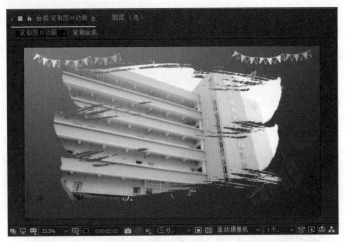

图 6-5-20

13. 复制笔刷动画合成及校园风景图层

01 在笔刷图片动画合成中，选择笔刷动画合成及校园风景图层，按【Ctrl+D】组合键进行复制，如图 6-5-21 所示。

图 6-5-21

02 选中复制的校园风景图层，在"项目"面板中，按住【Alt】键的同时拖动"校园风景 2"图片到复制的校园风景图层，将图片进行替换，如图 6-5-22 所示。

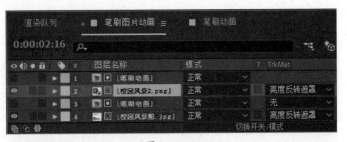

图 6-5-22

03 使用同样的方法再次复制笔刷动画合成及校园风景图层，使用"校园风景 3"，对图片进行替换，如图 6-5-23 所示。

图 6-5-23

14. 调整复制的笔刷动画及校园风景图层入点

选中"校园风景 2"图层及其上方的笔刷动画合成，拖动其入点至 0:00:03:00 帧的位置。用同样的方法拖动"校园风景 3"图层及其对应的笔刷动画合成的入点至 0:00:05:00，如图 6-5-24 所示。

图 6-5-24

15. 合并复制的笔刷动画合成及校园风景图层为新的合成

01 选中"校园风景 2"图层及其对应的笔刷动画合成，右击，选择"预合成"命令，设置新合成名称为"校园风景 2 笔刷效果"，如图 6-5-25 所示。

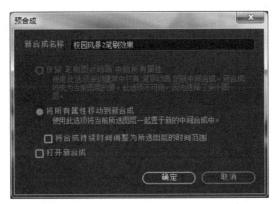

图 6-5-25

02 使用同样的方法合并校园风景 3 图层及其对应的笔刷动画合成为"校园风景

3 笔刷效果"合成，如图 6-5-26 所示。

图 6-5-26

16. 调整两个新合成的位置及大小

使用快捷键【P】和快捷键【S】适当调整两个图层的位置和缩放属性，参考参数如图 6-5-27 所示。画面效果如图 6-5-28 所示。

图 6-5-27

图 6-5-28

17. 调整校园风景图层及笔刷动画合成的出点

在笔刷图片动画合成中，选择校园风景图层及笔刷动画合成，将时间轴调整至 0:00:03:00 帧的位置，按【Alt+]】组合键以当前时间为出点，如图 6-5-29 所示。

图 6-5-29

此时画面效果如图 6-5-30 所示。

图 6-5-30

18. 新建"文字"合成

01 选择"合成"→"新建合成"命令，命名为"文字"，设置预设为 HDTV 1080
25，宽度为 1920px，高度为 1080px，持续时间为 8 秒，如图 6-5-31 所示。

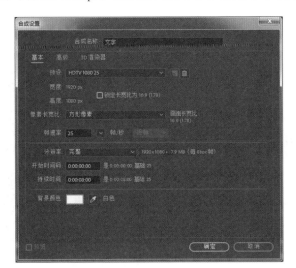

图 6-5-31

02 在"项目"面板中拖动"文字背景 .jpeg"到"文字"合成中，如图 6-5-32 所示。

图 6-5-32

19. 输入文字并进行字体属性设置

01 使用"文字工具"输入"青春不散场",并适当调整字体属性。参考字体属性如图 6-5-33 所示。

02 选中文字图层,按【P】键打开位置属性,设置位置属性为(665,355),如图 6-5-34 所示。

图 6-5-33

图 6-5-34

此时画面效果如图 6-5-35 所示。

图 6-5-35

20. 为文字图层设置模糊特效

01 选中文字图层,单击"文本"后的"动画"三角按钮,选择"模糊",如

图 6-5-36 所示。

图 6-5-36

02 将时间轴调整至 0 秒位置，设置模糊值为 15，单击"模糊"属性前的码表按钮设置关键帧，如图 6-5-37 所示。

图 6-5-37

03 将时间轴调整至 0:00:02:00 帧的位置，设置模糊值为 0，此时系统会自动添加关键帧，如图 6-5-38 所示。

图 6-5-38

21. 使用范围选择器设置效果范围

01 打开"动画制作工具 1"下的范围选择器，将时间轴调整至 0 秒位置，设置"起始"为 0%，单击"起始"前的码表按钮设置关键帧，如图 6-5-39 所示。

图 6-5-39

02 将时间轴调整至 0:00:02:00 帧的位置，设置"起始"为 100%，此时系统会自动添加关键帧，如图 6-5-40 所示。

图 6-5-40

03 在"范围选择器"下打开"高级"，"随机排序"选择开，如图 6-5-41 所示。

图 6-5-41

此时文字的模糊特效变为随机逐字特效，画面效果如图 6-5-42 所示。

图 6-5-42

22. 为文字图层设置不透明度特效

01 选中"动画制作工具 1",单击"文本"后的"动画"三角按钮,选择不透明度,如图 6-5-43 所示。

图 6-5-43

02 设置不透明度为 0%,如图 6-5-44 所示。

图 6-5-44

23. 为文字图层设置字符间距特效

01 选中文字图层,单击"文本"后的"动画"三角按钮,选择字符间距,如图 6-5-45 所示。

图 6-5-45

02 将时间轴调整至 0 秒位置,设置字符间距大小为 0,单击字符间距大小前的码表按钮设置关键帧,如图 6-5-46 所示。

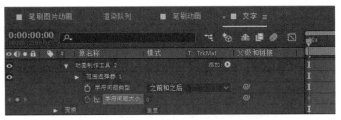

图 6-5-46

03 将时间轴调整至 0:00:02:00 帧的位置，设置字符间距大小为 20，此时系统会自动添加关键帧，如图 6-5-47 所示。

图 6-5-47

24. 将文字合成导入笔刷图片动画合成

01 在"项目"面板中拖动"文字"合成到"笔刷图片动画"合成中，如图 6-5-48 所示。

图 6-5-48

02 将时间轴调整至 0:00:08:00 帧的位置，选中文字图层，按【[】键将文字图层的入点对齐至 8 秒位置，如图 6-5-49 所示。

图 6-5-49

25. 为文字图层制作缩放和透明度特效

01 在笔刷图片动画合成中选中文字图层，按【S】键打开缩放属性，按【Shift+T】组合键同时打开不透明度属性。将时间轴调整至 0:00:08:00 帧的位置，单击"缩放"和"不透明度"属性前的码表按钮添加关键帧，并设置缩放属性为（200，200），不透明度为 0%，如图 6-5-50 所示。

图 6-5-50

02 将时间轴调整至 0:00:08:12 帧的位置，设置缩放属性为（100，100），不透明度为 100%，此时系统会自动添加关键帧，如图 6-5-51 所示。

图 6-5-51

26．调整工作区域结束位置

将光标调整至 0:00:12:00 帧的位置，按【N】键调整工作区结束位置为当前时间，如图 6-5-52 所示。

至此，"校园宣传片"片头特效全部完成，按小键盘上的【0】键或空格键可以预览整体效果。

图 6-5-52

 知识与技能

图层的入点和出点：图层有效区域的开始点和结束点。常见有两种操作方法：

◎设置当前时间为图层的入点，快捷键为【Alt+[】。

◎设置当前时间为图层的出点，快捷键为【Alt+]】。

对图层的出入点进行编辑调整，可改变图层有效区域的大小，将图层中不需要的部分排除在有效区域之外，起到裁剪的效果。

◎设置入点与当前时间对齐，快捷键为【[】。

◎设置出点与当前时间对齐，快捷键为【]】。

其作用是调整图层有效区域在时间轴上的位置，但不改变图层有效区域的大小。

任务六 制作水墨中国风片头

 任务描述

本任务将完成水墨中国风片头的开场特效。通过本任务的学习，应掌握"梯度渐变"、"色阶"、"湍流置换"和"轨道遮罩"特效的使用，能够理解关键帧插值的概念。

学习目标

◎掌握"梯度渐变"特效。

◎掌握"色阶"特效。

◎掌握"湍流置换"特效。

◎理解轨道遮罩的概念。

制作水墨中国风片头视频

 方法与步骤

1. 新建"水墨中国风片头"合成

选择"合成"→"新建合成"命令，命名为"水墨中国风片头"，设置预设为 HDTV 1080 25，宽度为 1920px，高度为 1080px，持续时间为 10 秒，如图 6-6-1 所示。

2. 导入素材

01 选择"文件"→"导入"→"文件"命令，打开"导入文件"对话框，导入"水墨背景 .mpg"文件，此时素材会添加到"项目"面板中，如图 6-6-2 所示。

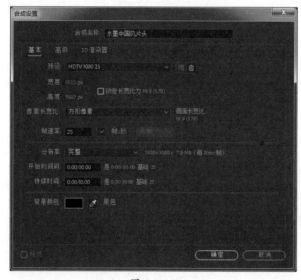

图 6-6-1

图 6-6-2

02 选择"文件"→"导入"→"文件"命令，打开"导入文件"对话框，打开"4-1"文件夹，选中文件夹内的所有图片，选中"PNG 序列"复选框，单击"导入"按钮，导入序列 4-1。用同样的方法，导入序列 4-3，如图 6-6-3 所示。

3. 新建纯色图层

选择"图层"→"新建"→"纯色"命令，命名为"背景层"，设置颜色为黑色，如图 6-6-4 所示。

图 6-6-3

图 6-6-4

4. 为背景层添加"梯度渐变"特效

01 选中背景层,在"效果和预设"面板中搜索"梯度渐变",双击"生成"效果组下的"梯度渐变"特效,如图 6-6-5 所示。

02 在"效果控件"中设置"渐变起点"为(960,148),"起始颜色"为白色,"渐变终点"为(960,1920),"结束颜色"为黑色,"渐变形状"为"径向渐变","渐变散射"为 21.7。参数设置如图 6-6-6 所示,画面效果如图 6-6-7 所示。

图 6-6-5

图 6-6-6

5. 新建文字图层

01 选中"直排文字工具",输入文本"水墨中国风片头",如图 6-6-8 所示。

02 在右侧"字符"面板中适当调整文字大小等属性,如图 6-6-9 所示。

图 6-6-7

图 6-6-8

03 选中"直排文字工具"，输入文本"制作人 苏艳"，如图 6-6-10 所示。

04 在右侧"字符"面板中适当调整文字大小等属性，如图 6-6-11 所示。

图 6-6-9

图 6-6-10

6. 合并两个文字图层为文字合成

选中两个文字图层，右击选择"预合成"命令，设置新合成名称为"文字合成"，如图 6-6-12 所示。

7. 新建纯色图层

选择"图层"→"新建"→"纯色"命令，命名为"黑色 纯色 1"，设置颜色为黑色，如图 6-6-13 所示。

8. 为"黑色 纯色 1"图层添加"分形杂色"特效

01 在"效果和预设"面板中搜索"分形杂色"，双击"杂色和颗粒"效果组下的"分形杂色"特效，如图 6-6-14 所示。

图 6-6-11

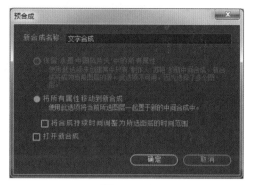

图 6-6-12

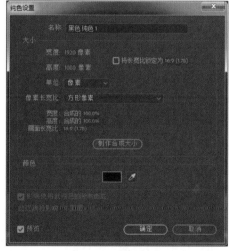

图 6-6-13

图 6-6-14

02 在"效果控件"中设置"对比度"为 348，"亮度"为 10，"演化"为 176°，如图 6-6-15 所示。

9. 新建纯色图层

选择"图层"→"新建"→"纯色"命令，命名为"黑色 纯色 2"，设置颜色为黑色，如图 6-6-16 所示。

10. 为"黑色 纯色 2"图层添加"线性擦除"特效

01 选中"黑色 纯色 2"图层，在"效果和预设"面板中搜索"线性擦除"，双击"线性擦除"特效，如图 6-6-17 所示。

图 6-6-15 图 6-6-16

02 在"效果控件"中设置"过渡完成"为 92%"擦除角度"为 –97°，"羽化"为 63。将时间轴调整至 0 秒位置，单击"过渡完成"前的码表按钮设置关键帧，将时间轴调整至 1 秒位置，设置"过渡完成"为 0%，如图 6-6-18 所示。

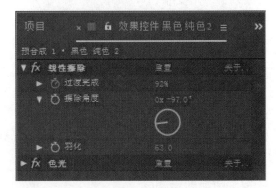

图 6-6-17 图 6-6-18

11. 为"黑色 纯色 2"图层添加"色光"特效

01 选中背景层，在"效果和预设"面板中搜索"色光"，双击"颜色校正"效果组下的"色光"特效，如图 6-6-19 所示。

02 在"效果控件"中展开"输入相位"选项组，设置"获取相位，自"为 Alpha；展开"输出循环"选项组，设置"使用预设调板"为"渐变灰色"；展开"修改"选项组，选中"更改空像素"复选框，如图 6-6-20 所示。

图 6-6-19   图 6-6-20

12. 合并两个纯色图层为新合成

选中"黑色 纯色 1"图层和"黑色 纯色 2"图层，右击选择"预合成"命令，设置新合成名称为"预合成 1"，如图 6-6-21 所示。

图 6-6-21

13. 设置文字合成的轨道遮罩

在"水墨中国风片头"合成中，单击"文字合成"，设置"文字合成"的轨道遮罩为"亮度遮罩'预合成 1'"，如图 6-6-22 所示。

图 6-6-22

此时滑动时间轴可以看到文字出现的动画，如图 6-6-23 所示。

图 6-6-23

14．新建"水墨素材"合成

选择"合成"→"新建合成"命令，命名为"水墨素材"，设置预设为 HDTV 1080 25，宽度为 1920px，高度为 1080px，持续时间为 10 秒，如图 6-6-24 所示。

图 6-6-24

15. 将序列 4-1 导入"水墨素材"合成中

在"项目"面板中拖动序列 4-1 到"水墨素材"合成中，如图 6-6-25 所示。

图 6-6-25

16. 为序列 4-1 图层添加"色阶"特效

01 选中序列 4-1 图层，在"效果和预设"面板中搜索"色阶"，双击"颜色校正"效果组下的"色阶"特效，如图 6-6-26 所示。

02 在"效果控件"中设置"通道"为 Alpha，如图 6-6-27 所示。

17. 为序列 4-1 图层添加"杂色"特效

01 选中序列 4-1 图层，在"效果和预设"面板中搜索"杂色"，双击"杂色和颗粒"效果组下的"杂色"特效，如图 6-6-28 所示。

图 6-6-26

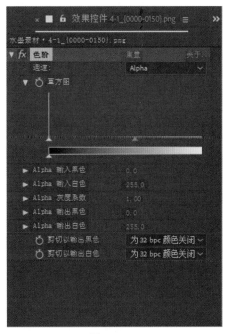

图 6-6-27

02 在"效果控件"中设置"杂色 数量"为 2%，取消勾选"使用杂色"复选框，如图 6-6-29 所示。

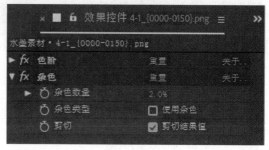

图 6-6-28   图 6-6-29

18. 序列 4-3 导入"水墨素材"合成中

在"项目"面板中拖动序列 4-3 到"水墨素材"合成中，如图 6-6-30 所示。

图 6-6-30

19. 为序列 4-3 图层添加"色阶"特效

01 选中序列 4-3 图层，在"效果和预设"面板中搜索"色阶"，双击"颜色校正"效果组下的"色阶"特效，如图 6-6-31 所示。

02 在"效果控件"中设置"通道"为 Alpha，"Alpha 灰度系数"位 1.15，如图 6-6-32 所示。

20. 为序列 4-3 图层添加"色调"特效

01 选中序列 4-3 图层，在"效果和预设"面板中搜索"色调"，双击"颜色校正"效果组下的"色调"特效，如图 6-6-33 所示。

02 在"效果控件"中设置"将黑色映射到"为深红色（＃820D0D），如图 6-6-34 所示。

图 6-6-31

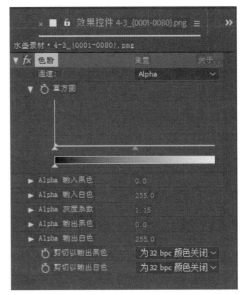

图 6-6-32

图 6-6-33

图 6-6-34

21. 为序列 4-3 图层添加 "杂色" 特效

01 选中序列 4-3 图层，在 "效果和预设" 面板中搜索 "杂色"，双击 "杂色和颗粒" 效果组下的 "杂色" 特效，如图 6-6-35 所示。

02 在 "效果控件" 中设置 "杂色 数量" 为 2%，取消勾选 "使用杂色" 复选框，如图 6-6-36 所示。

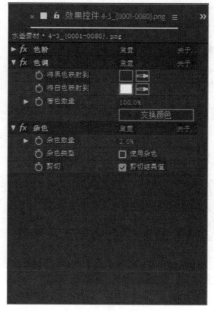

图 6-6-35　　　　　　　　　　　　　　　图 6-6-36

22. 复制序列 4-3 图层两次

01 选中序列 4-3 图层，按【Ctrl+D】组合键复制图层两次，如图 6-6-37 所示。

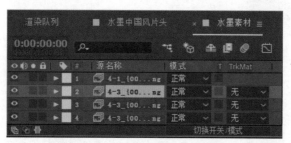

图 6-6-37

02 调整 3 个序列 4-3 图层的入点时间和位置。入点位置如图 6-6-38 所示，画面效果如图 6-6-39 所示。

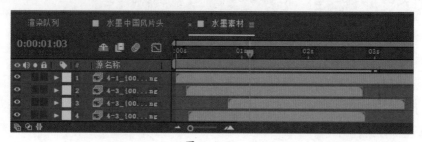

图 6-6-38

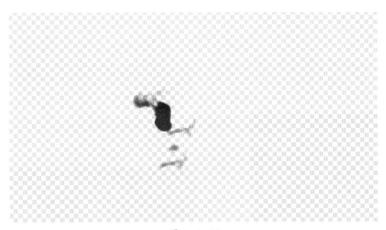

图 6-6-39

23. 将"水墨素材"合成并入"水墨中国风片头"合成

01 在"项目"面板中拖动"水墨素材"合成到"水墨中国风片头"合成中，如图 6-6-40 所示。

图 6-6-40

02 调正"水墨素材"图层在画面中的位置，效果如图 6-6-41 所示。

图 6-6-41

24. 为文字合成图层添加 CC Vector Blur（矢量模糊）特效

01 选中文字合成图层，在"效果和预设"面板中搜索 CC Vector Blur，双击

CC Vector Blur 特效，如图 6-6-42 所示。

02 在"效果控件"中设置 Amount（数量）为 16，Vector Map（矢量贴图）为"1. 水墨素材"，Property（参数）为 Alpha（Alpha 通道），Map Softness（柔化图像）为 16.4，如图 6-6-43 所示。

图 6-6-42

图 6-6-43

25. 为文字合成图层添加"湍流置换"特效

01 选中"文字合成"图层，在"效果和预设"面板中搜索"湍流置换"，双击"扭曲"特效组下的"湍流置换"特效，如图 6-6-44 所示。

02 在"效果控件"中设置"数量"为 20，"演化"为 144°，如图 6-6-45 所示。

图 6-6-44

图 6-6-45

26. 将"水墨素材"合成作为"文字合成"的子级

在"水墨素材"图层的父级菜单中选择"3.文字合成"，如图 6-6-46 所示。若没有父级菜单，可以右击标签栏，在弹出的菜单中选择"列数"命令，勾选"父级和链接"。

图 6-6-46

27. 将"水墨背景.mpg"导入到"水墨中国风片头"合成中

01 在"项目"面板中拖动"水墨背景.mpg"文件到"水墨中国风片头"合成中，并隐藏背景层，如图 6-6-47 所示。

图 6-6-47

02 选中"水墨背景"图层，按【Ctrl+Alt+F】组合键缩放素材到合成大小。

至此，"水墨中国风"片头特效全部完成，按小键盘上的【0】键或空格键可以预览整体效果。

知识与技能

1. 遮罩的定义

遮罩（Matte）即遮挡、遮盖，遮挡部分图像内容，并显示特定区域的图像内容，相当于一个窗口。不同于蒙版，遮罩是作为一个单独的图层存在的，并且通常是上对下遮挡的关系。

2. Alpha 遮罩与亮度遮罩

Alpha 遮罩与亮度遮罩都属于轨道遮罩，是在被遮罩层上添加效果，仅对下方的一个图层起作用，使用时遮罩层不显示（眼睛关闭）。

（1）Alpha 遮罩：

◎ Alpha 遮罩读取的是遮罩层的不透明度信息。使用 Alpha 遮罩之后，遮罩的透显程度受到自身不透明度影响，但是不受亮度影响。

◎ 遮罩层不透明度和透显程度成正比的关系，也就是不透明度越高，显示的内容越清晰。也可以理解为遮罩层透明度越低（最低为 0%），显示出的内容越清晰。

（2）亮度遮罩：

◎ 与 Alpha 遮罩不同，亮度遮罩读取的是遮罩层的亮度（明度）信息。

◎ 即白色的部分（亮度为 255 时）透显程度最高，图片最清晰。黑色的部分（亮度为 0 时）图片完全不显示，图片最暗。灰色部分（亮度为 255/2=127.5 时）清晰度为原图的一半，介于两者之间。也就是说，遮罩层亮度值越大，显示出的图片越亮越清晰，反之越暗，成正比关系。

注意：亮度遮罩模式下遮罩层的透显程度，也会受到遮罩层的不透明度影响，不透明度越高，显示图像越清晰。

3. 湍流置换

湍流置换效果可以创建湍流扭曲效果。常可以用来制作流水、哈哈镜和摆动的旗帜等效果。

◎ 置换：设置湍流的类型。除了"较平滑"选项可以创建出比较平滑的变形而且需要更长的时间来进行渲染以外，"湍流较平滑"、"凸出较平滑"和"扭转较平滑"各自可单击的操作和"湍流"、"凸出"和"扭转"实质上是相同的。

• "垂直置换"让图像在垂直方向变形。

• "水平置换"让图像在水平方向变形。

• "交叉置换"让图像在垂直、水平两个方向同时进行变形。

◎ 数量：值越高，扭曲效果越大。

◎ 大小：值越高，扭曲区域越大。

◎ 偏移（湍流）：用于创建扭曲的部分分形形状。

◎ 复杂度：确定湍流的详细程度。值越低，扭曲越平滑。

◎ 演化：为此演化设置动画设置关键帧将使湍流随时间变化。

◎ 演化选项："演化选项"用于提供控件，以便在一次短循环中渲染效果，然后在图层持续时间内循环。使用这些控件可预渲染循环中的湍流元素，因此可以缩短渲染时间。

◎ 随机植入：指定生成分形杂色使用的值。

◎ 固定：指定要固定的边缘，以使沿这些边缘的像素不进行置换。

◎ 调整图层大小：使扭曲图像扩展到图层的原始边界之外。

项 目 小 结

本项目介绍了 After Effects CC 2018 的常用炫彩视频特效的制作方法,通过本项目的学习,可以制作常用的片头动画效果以及创建丰富多彩的视频特效。

能 力 提 升

1. 为素材添加 CC snowfall(CC 下雪)特效,效果如图 6-7-1 所示。
2. 为素材添加 CC rainfall(CC 下雨)特效,效果如图 6-7-2 所示。

图 6-7-1

图 6-7-2

项目七

动漫特效的制作

本项目主要讲解利用 After Effects CC 2018 制作常见的动漫特效的方法，根据不同的动漫内容添加合适的特效可使画面更具视觉冲击力和感染力。

能力目标

◎ 能制作魔戒特效动画。

◎ 能制作烟雾人特性动画。

◎ 能制作魔法师的火球动画。

素质目标

◎ 培养学生不断尝试、不断突破的创新意识。

◎ 培养学生提升鉴赏力。

任务一　制作魔戒

任务二　制作烟雾人

任务三　制作魔法师的火球

任务一　制作魔戒

 任务描述

本任务将完成魔戒效果的制作。通过本任务的学习，应掌握 CC Particle World(CC 粒子仿真世界) 特效的应用。

 学习目标

◎掌握 CC Particle World 特效的应用。

◎掌握 CC Vector Blur（矢量模糊）特效的使用。

◎掌握 Mesh Warp（网格变形）特效的使用。

◎掌握 Turbulent Displace（动荡置换）特效的使用。

制作魔戒视频

 方法与步骤

1. 新建合成

选择"合成"→"新建合成"命令，命名为"光线"，设置宽度为 1024px，高度为 576px，持续时间为 3 秒，如图 7-1-1 所示。

图 7-1-1

2. 新建纯色图层

01 选择"图层"→"新建"→"纯色"命令，命名为"黑背景"，颜色改为"黑色"，如图 7-1-2 所示。

02 选择"图层"→"新建"→"纯色"命令，命名为"内部线条"，颜色改为"白色"，如图 7-1-3 所示。

图 7-1-2   图 7-1-3

3. 为内部线条图层添加 CC Particle World 特效

01 在 "效果和预设" 面板中搜索 CC Particle World，双击 CC Particle World 特效，如图 7-1-4 所示。

02 在 "效果控件" 中设置 Birth Rate（出生率）为 0.8，Longevity（寿命）为 1.29；展开 Producer（发生器）选项组，设置 Position X（X 轴位置）为 -0.45，Radius Y（Y 轴半径）为 0.02，Radius Z（Z 轴半径）为 0.195；展开 Physics（物理性质）选项组，设置 Animation（动画）为 Direction Axis（沿轴发射），Gravity（重力）为 0，如图 7-1-5 所示。

图 7-1-4   图 7-1-5

03 选中 "内部线条" 层，在 "效果控件" 中，按住【Alt】键的同时单击 Velocity（速度）左侧的码表按钮，在时间面板中输入 wiggle(8，.25)，如图 7-1-6 所示。

图 7-1-6

04 在"效果控件"中展开 Particle（粒子）选项组，设置 Particle Type（粒子类型）为 Lens Convex（凸透镜），Birth Size（出生粒子大小）为 0.21，Death Size（死亡粒子大小）为 0.46，如图 7-1-7 所示。

4. 为内部线条图层添加"快速模糊"效果

在"效果和预设"面板中搜索"快速模糊"，双击"快速模糊"特效，设置"模糊度"为 41，如图 7-1-8 所示。

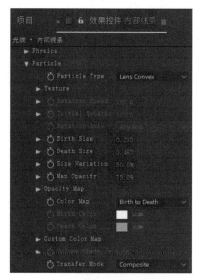

图 7-1-7

图 7-1-8

这样就使粒子达到了模糊的效果，效果如图 7-1-9 所示。

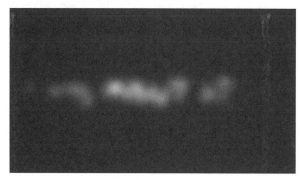

图 7-1-9

5. 为内部线条图层添加 CC Vector Blur 特效

01 在"效果和预设"面板中搜索 CC Vector Blur，双击 CC Vector Blur 特效，如图 7-1-10 所示。

02 设置 Amount（数量）为 88，Property（参数）为 Alpha（Alpha 通道），如图 7-1-11 所示。

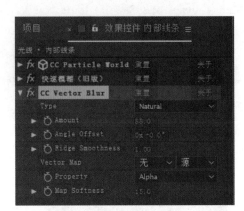

图 7-1-10　　　　　　　　　　　　　　　　　　　图 7-1-11

至此，内部线条图层的特效制作完毕，画面效果如图 7-1-12 所示。

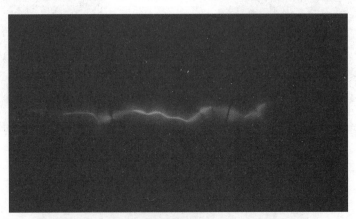

图 7-1-12

6. 新建纯色图层

选择"图层"→"新建"→"纯色"命令，命名为"分散线条"，颜色改为"白色"，如图 7-1-13 所示。

7. 为分散线条图层添加 CC Particle World 特效

01 在"效果和预设"面板中搜索 CC Particle World，双击 CC Particle World 特效，如图 7-1-14 所示。

图 7-1-13

图 7-1-14

02 在"效果控件"中设置 Birth Rate 为 1.7，Longevity 为 1.17，展开 Producer 选项组，设置 Position X 为 –0.41，Radius Y 为 0.01，Radius Z 为 0.015，展开 Physics 选项组，设置 Animation 为 Direction Axis，Gravity 为 0。参数如图 7-1-15 所示，画面效果如图 7-1-16 所示。

03 选中"内部线条"层，在效果控件中，按住【Alt】键的同时单击 Velocity 左侧的码表按钮，在时间面板中输入 wiggle(8，.4)，如图 7-1-17 所示。

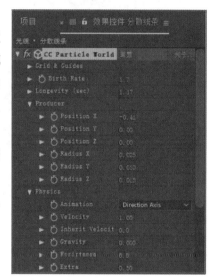

图 7-1-15

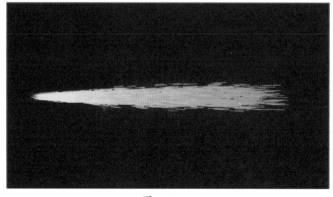

图 7-1-16

图 7-1-17

04 在"效果控件"中展开 Particle 选项组，设置 Particle Type 为 Lens Convex，Birth Size 为 0.1，Death Size 为 0.1，Size Variation 为 61%，Max Opacity（最大不透明度）为 100%。参数设置如图 7-1-18 所示，画面效果如图 7-1-19 所示。

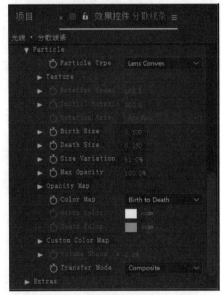

图 7-1-18

图 7-1-19

8. 为分散线条图层添加"快速模糊"效果

在"效果和预设"面板中搜索"快速模糊"，双击"快速模糊"特效，并设置"模糊度"为 32，如图 7-1-20 所示。

9. 为分散线条图层添加 CC Vector Blur 特效

01 在"效果和预设"面板中搜索 CC Vector Blur，双击 CC Vector Blur 特效，如图 7-1-21 所示。

02 设置 Amount 为 25，Property 为 Alpha，如图 7-1-22 所示。

图 7-1-20

图 7-1-21

至此，分散线条图层的特效制作完毕，画面效果如图 7-1-23 所示。

10. 新建纯色图层

选择"图层"→"新建"→"纯色"命令，命名为"点光"，颜色改为"白色"，如图 7-1-24 所示。

图 7-1-22

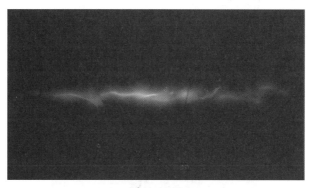

图 7-1-23

11. 为点光图层添加 CC Particle World 特效

01 在"效果和预设"面板中搜索 CC Particle World，双击 CC Particle World 特效，如图 7-1-25 所示。

图 7-1-24   图 7-1-25

02 在"效果控件"中设置 Birth Rate 为 0.1，Longevity 为 2.79，展开 Producer 选项组，设置 Position X 为 –0.33，Position Z（Z 轴位置）为 –0.23，Radius Y 为 0.03，Radius Z 为 0.195，展开 Physics 选项组，设置 Animation 为 Direction Axis，Velocity 为 0.25，Gravity 为 0，如图 7-1-26 所示。

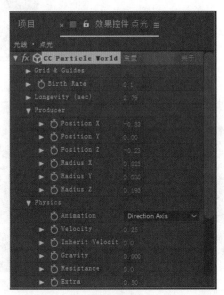

图 7-1-26

03 在"效果控件"中展开 Particle 选项组，设置 Particle Type 为 Lens Convex，Birth Size 为 0.04，Death Size 为 0.02，将时间调整到 22 帧位置，按【Alt+[】组合键以当前时间为入点，如图 7-1-27 所示。

图 7-1-27

04 将时间轴调整到 0 秒位置，选中点光层，按【 [】键将点光层的入点调整到 0
秒位置，随后拖动点光层尾部边缘，使其与其他层的尾部齐平。按【 T 】键展开不透明
度，单击码表设置关键帧，设置不透明度为 0，将时间调整到 9 帧位置，设置不透明
度为 100%，如图 7-1-28 所示。

图 7-1-28

至此，点光图层的特效制作完毕，画面效果如图 7-1-29 所示。

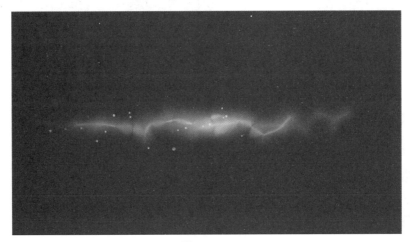

图 7-1-29

12. 新建调整图层

选择"图层"→"新建"→"调整图层"命令，创建调整图层，如图 7-1-30 所示。

图 7-1-30

13. 为调整图层添加"网格变形"特效

01 在"效果和预设"面板中搜索"网格变形",双击"网格变形"特效,如图 7-1-31 所示。

02 在"效果控件"中设置"行数"为 4,"列数"为 4,如图 7-1-32 所示。

图 7-1-31

图 7-1-32

03 使用"钢笔工具"调整网格形状,如图 7-1-33 所示。

至此,光线合成的特效全部制作完毕,画面效果如图 7-1-34 所示。

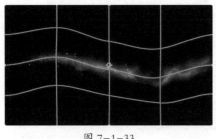

图 7-1-33

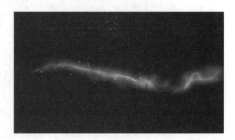

图 7-1-34

14. 新建蒙版合成

01 选择"合成"→"新建合成"命令,命名为"蒙版合成",设置宽度为 1024px,高度为 576px,持续时间为 3 秒,如图 7-1-35 所示。

02 选择"文件"→"导入"→"文件"命令,打开"导入文件"对话框,导入"背景 .png"文件,此时素材会添加到"项目"面板中,如图 7-1-36 所示。

图 7-1-35

图 7-1-36

03 在"项目"面板中拖动背景图片和"光线"合成到"蒙版合成"中，并将"光线"层的混合模式改为"屏幕"，如图 7-1-37 所示。

图 7-1-37

15. 为"光线"层添加"曲线"特效

01 选中"光线"层，在"效果和预设"面板中搜索"曲线"，双击"曲线"特效，如图 7-1-38 所示。

02 调整"曲线"形状，从"通道"下拉菜单中分别选择 RGB、"红色"、"绿色"和"蓝色"，调整曲线形状，改变颜色。曲线形状如图 7-1-39 所示，画面效果如图 7-1-40 所示。

图 7-1-38

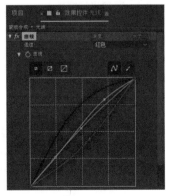

图 7-1-39

图 7-1-40

16. 为"光线"层添加"色调"特效

01 选中"光线"层，在"效果和预设"面板中搜索"色调"，双击"色调"特效，如图 7-1-41 所示。

02 在"效果控件"中设置"着色数量"为 50%，如图 7-1-42 所示。

图 7-1-41

图 7-1-42

17. 复制"光线"层两次并调节位置

01 将"光线"层重命名为"光线 1"，并按【Ctrl+D】组合键复制两层，如图 7-1-43 所示。

图 7-1-43

02 调整 3 个光线层的"位置"（快捷键【P】）和"旋转"（快捷键【R】）属性，调整位置至如图 7-1-44 所示。

18. 新建"总合成"合成

01 选择"合成"→"新建合成"命令，命名为"总合成"，设置宽度为 1024px，高度为 576px，持续时间为 3 秒，如图 7-1-45 所示。

图 7-1-44

图 7-1-45

02 在"项目"面板中拖动背景图片和"蒙版合成"到"总合成"中，隐藏"蒙版合成"的背景图片，并在"总合成"中将"蒙版合成"的混合模式改为"屏幕"，如图 7-1-46 所示。

图 7-1-46

19. 蒙版合成设置

01 在"总合成"中选中"蒙版合成"层，选择矩形工具绘制矩形蒙版，如图 7-1-47 所示。

图 7-1-47

02 设置"蒙版羽化"为（50，50），将时间轴调整到 0 秒，单击"蒙版路径"前的码表按钮设置关键帧，如图 7-1-48 所示。

图 7-1-48

03 选中矩形上方两个锚点下移，直至看不见光线为止，如图 7-1-49 所示。

04 将时间轴调整至 0:00:01:18 帧的位置，拖动蒙版上方锚点上移，如图 7-1-50 所示。

图 7-1-49   图 7-1-50

至此，"魔戒"特效全部完成，按小键盘上的【0】键或空格键可以预览整体效果。

知识与技能

◎ CC Particle World（CC 粒子仿真世界）：用于创建可视化粒子效果。

◎ Grid & Guides（网格与参考线）：设置网格与参考线的各项数值。

◎ Birth Rate（出生率）：设置粒子产生的数量。

◎ Longevity（寿命）：设置粒子的存活时间，其单位为秒。

◎ Producer（发生器）：设置粒子产生的位置及范围。

◎ Position X/Y/Z（X/Y/Z 轴的位置）：设置粒子产生在 X/Y/Z 轴上的位置。

◎ Radius X/Y/Z（X/Y/Z 轴半径）：设置粒子在 X/Y/Z 轴上产生的范围大小。

◎ Physics（物理性质）：主要用于设置粒子的运动效果。

◎ Animation（动画）：在右侧的下拉列表中可以选择粒子的运动方式。

◎ Velocity（速度）：设置粒子的发射速度。数值越大，粒子就飞散得越高越远；反之，粒子就飞散得越低越近。

◎ Inherity Velocity %（继承的速率）：控制子粒子从主粒子继承的速率大小。

◎ Gravity（重力）：为粒子添加重力。当数值为负数时，粒子就向上运动。

◎ Resistance（阻力）：设置粒子产生时的阻力。数值越大，粒子发射的速度就越小。

◎ Extra（追加）：设置粒子的扭曲程度。只有在 Animation（动画）的粒子方式不是 Explosive（爆炸）时，Extra（追加）和 Extra Angel（追加角度）才可以使用。

◎ Extra Angel（追加角度）：设置粒子的旋转角度。

◎ Paticle（粒子）：主要用于设置粒子的纹理、形状以及颜色等。

◎ Paticle Type（粒子类型）：在右侧的下拉列表中可以选择其中一种类型作为要产生的粒子的类型。

◎ Texture（纹理）：设置粒子的材质贴图。该项只有当 Paticle Type 为纹理时才可以使用。

◎ Birth Size（出生粒子大小）：设置刚产生的粒子的大小。

◎ Death Size（死亡粒子大小）：设置即将死亡的粒子的大小。

任务二　制作烟雾人

 任务描述

本任务将完成烟雾人特效的制作。通过本任务的学习，应掌握 CC Particle World、CC Vector Blur、色调、钢笔工具、矩形工具等特效的应用。

 学习目标

◎掌握 CC Particle World 的使用。

◎掌握 CC Vector Blur 的使用。

◎掌握色调的使用。

◎掌握钢笔工具的使用。

◎掌握矩形工具的使用。

制作烟雾人视频

 方法与步骤

1. 新建"烟雾"合成

01 选择"合成"→"新建合成"命令，命名为"烟雾"，设置宽度为 1024px，高度为 576px，持续时间为 5 秒，"背景颜色"为白色，如图 7-2-1 所示。

02 选择"文件"→"导入"命令，打开"导入文件"对话框，导入"人物.png"和"树木.jpg"文件，此时素材会添加到"项目"面板中，如图 7-2-2 所示。

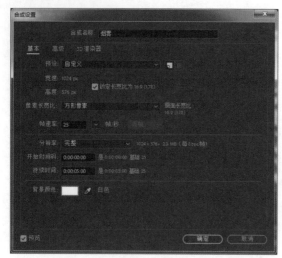

图 7-2-1

图 7-2-2

2. 新建纯色图层

选择"图层"→"新建"→"纯色"命令，命名为"外部烟雾"，颜色为"黑色"，如图 7-2-3 所示。

3. 为外部烟雾图层添加 CC Particle World 特效

01 在"效果和预设"面板中搜索 CC Particle World，双击 CC Particle World 特效，如图 7-2-4 所示。

图 7-2-3

图 7-2-4

02 在"效果控件"中设置 Birth Rate 为 7，展开 Producer 选项组，设置 Position X 为 0.15，Position Y 为 0.17，Radius Y 为 0.15，如图 7-2-5 所示。

03 在"效果控件"中展开 Physics 选项组，设置 Velocity 为 0.7，Gravity 为 0。展开 Particle 选项组，设置 Particle Type 为 Lens Convex。参数设置如图 7-2-6 所示，画

面效果，如图 7-2-7 所示。

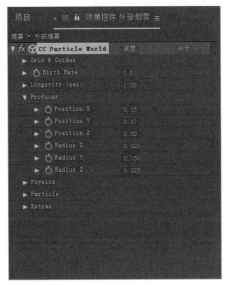

图 7-2-5

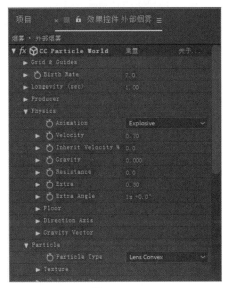

图 7-2-6

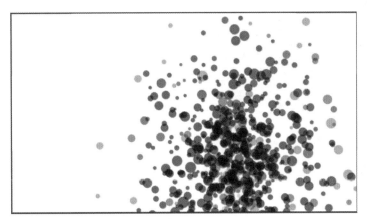

图 7-2-7

4. 为外部烟雾图层添加"快速模糊"效果

在"效果和预设"面板中搜索"快速模糊"，双击"快速模糊"特效，并设置"模糊度"为 32，如图 7-2-8 所示。

5. 为外部烟雾图层添加 CC Vector Blur 特效

01 在"效果和预设"面板中搜索 CC Vector Blur，双击 CC Vector Blur 特效，如图 7-2-9 所示。

02 设置"Amount（数量）"为 10，"Property（参数）"为"Alpha（Alpha 通道）"，如图 7-2-10 所示。

图 7-2-8

图 7-2-9

至此，外部烟雾图层的特效制作完毕，画面效果，如图 7-2-11 所示。

图 7-2-10

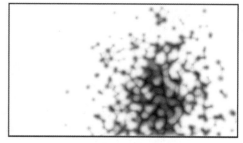

图 7-2-11

6. 新建纯色图层

选择"图层"→"新建"→"纯色"命令，命名为"内部烟雾"，颜色为"黑色"，如图 7-2-12 所示。

7. 为内部烟雾图层添加 CC Particle World 特效

01 在"效果和预设"面板中搜索 CC Particle World，双击 CC Particle World 特效，如图 7-2-13 所示。

02 在"效果控件"中设置 Birth Rate 为 8，展开 Producer 选项组，设置 Position X 为 0.15，Position Y 为 0.16，Radius Y 为 0.16，如图 7-2-14 所示。

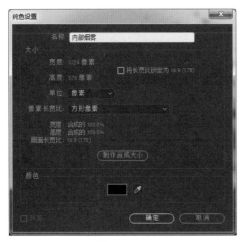

图 7-2-12

图 7-2-13

03 在"效果控件"中展开 Physics 选项组，设置 Velocity 为 0.7，Gravity 为 0。展开 Particle 选项组，设置 Particle Type 为 Lens Convex，如图 7-2-15 所示。

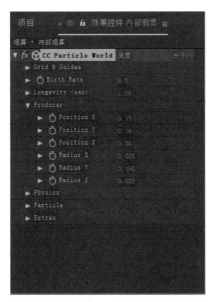

图 7-2-14

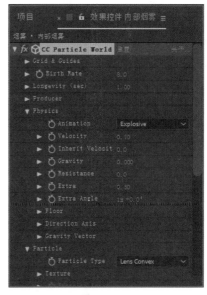

图 7-2-15

8. 为外部烟雾图层添加"快速模糊"效果

在"效果和预设"面板中搜索"快速模糊"，双击"快速模糊"特效，并设置"模糊度"为 32，如图 7-2-16 所示。

9. 为外部烟雾图层添加 CC Vector Blur 特效

01 在"效果和预设"面板中搜索 CC Vector Blur，双击 CC Vector Blur 特效，如图 7-2-17 所示。

图 7-2-16

图 7-2-17

02 设置 Amount 为 91，Property 为 Alpha，如图 7-2-18 所示。

至此，外部烟雾图层的特效制作完毕，画面效果如图 7-2-19 所示。

图 7-2-18

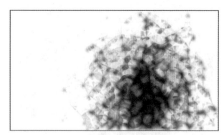

图 7-2-19

10. 新建"总合成"合成

01 选择"合成"→"新建合成"命令，命名为"总合成"，设置宽度为 1024px，高度为 576px，持续时间为 5 秒，"背景颜色"为白色，如图 7-2-20 所示。

图 7-2-20

02 在"项目"面板中拖动"人物"和"树木"素材图片到"总合成"中，调整两个素材图片的位置（快捷键【P】）和大小（快捷键【S】）。参数如图 7-2-21 所示，画面效果如图 7-2-22 所示。

图 7-2-21

图 7-2-22

11. 人物层属性设置

01 选中"人物"图层，选择"矩形工具"绘制一个矩形蒙版，如图 7-2-23 所示。

图 7-2-23

02 设置"蒙版羽化"为（50，50），将时间轴调整到 0 秒，单击"蒙版路径"前的码表按钮设置关键帧，如图 7-2-24 所示。

图 7-2-24

03 将时间轴调整至 0:00:02:03 帧的位置，拖动蒙版下方锚点上移，直至将人物完全遮盖，如图 7-2-25 所示。

图 7-2-25

12. 为烟雾合成添加"色调"效果

01 在"项目"面板中拖动"烟雾"合成到"总合成"中，在"效果和预设"面板中搜索"色调"，双击"色调"特效，如图 7-2-26 所示。

02 在"效果控件"中设置"将黑色映射到"为灰色（#CFCFCF），如图 7-2-27 所示。

图 7-2-26

图 7-2-27

13. 烟雾合成设置

01 选中"烟雾"合成，用"钢笔工具"在画面下方绘制一个闭合蒙版，如图 7-2-28 所示。

02 设置"蒙版羽化"为（50，50），将时间轴调整到 0 秒，单击"蒙版路径"前的码表按钮设置关键帧，如图 7-2-29 所示。

03 将时间轴调整至 0:00:02:03 帧的位置，拖动蒙版上方锚点上移，直至烟雾完全显示，如图 7-2-30 所示。

图 7-2-28

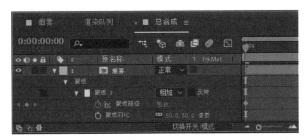

图 7-2-29

图 7-2-30

至此,"烟雾人"特效全部完成,按小键盘上的【0】键或空格键可以预览整体效果。

知识与技能

(1) CC Vector Blur(矢量模糊):用来添加运动模糊效果。

◎ Type(类型):设置模糊方式。

◎ Amount(数量):设置模糊强度。

◎ Angle Offset(角度偏移):设置模糊偏移角度。

◎ Ridge Smoothness(隆起平滑):设置隆起位置的平滑程度。

◎ Vector Map（矢量贴图）：可在下拉菜单中选取其他层作为当前图像的模糊层。

◎ Property（属性）：设置对应的通道。

◎ Map Softness（柔化图像）：设置图像的柔化程度。

（2）Tint（色调）：利用指定颜色修改图像色彩，使用后默认将图像处理成黑白色。

◎将黑色映射到：将黑色部分替换成指定颜色。

◎将白色映射到：将白色部分替换成指定颜色。

◎着色数量：设置着色的强度。

任务三　制作魔法师的火球

 任务描述

本任务将完成魔法球的特效制作。通过本任务的学习，应掌握 CC Particle World、快速模糊、CC Vector Blur、色调、发光、分形杂色等特效的应用。

 学习目标

◎掌握 C Particle World 特效的使用。

◎掌握发光特效的使用。

◎掌握分形杂色特效的使用。

制作魔法师的火球视频

 方法与步骤

1. 新建"火球"合成

01 选择"合成"→"新建合成"命令，命名为"火球"，设置宽度为 1 024 px，高度为 576 px，持续时间为 5 秒，如图 7-3-1 所示。

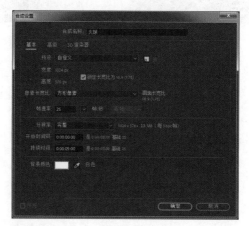

图 7-3-1

02 选择"文件"→"导入"→"文件"命令，打开"导入文件"对话框，导入"背景图片.png"文件，此时素材会添加到"项目"面板中，如图 7-3-2 所示。

2. 新建纯色图层

01 选择"图层"→"新建"→"纯色"命令，命名为"背景层"，颜色为"白色"，如图 7-3-3 所示。

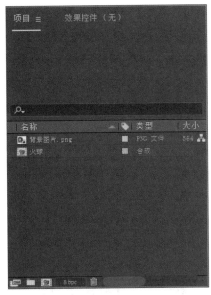

图 7-3-2

图 7-3-3

02 选择"图层"→"新建"→"纯色"命令，命名为"火球外光"，颜色为"黑色"，如图 7-3-4 所示。

3. 为火球外光图层添加 CC Particle World 特效

01 在"效果和预设"面板中搜索 CC Particle World，双击 CC Particle World 特效，如图 7-3-5 所示。

图 7-3-4

图 7-3-5

02 在"效果控件"中设置 Birth Rate 为 1，展开 Physics 选项组，设置 Velocity 为 0.15，Gravity 为 0。展开 Particle 选项组，设置 Particle Type 为 Lens Convex，如图 7-3-6 所示。

4. 为火球外光图层添加"快速模糊"效果

01 在"效果和预设"面板中搜索"快速模糊"，双击"快速模糊"特效，并设置"模糊度"为 32，如图 7-3-7 所示。

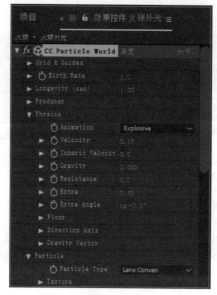

图 7-3-6

图 7-3-7

此时的画面效果如图 7-3-8 所示。

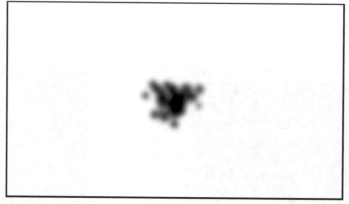

图 7-3-8

02 选中"背景层"，按【Ctrl+Shift+Y】组合键重新设置背景层的颜色为"黑色"，如图 7-3-9 所示。

5. 为火球外光图层添加"色调"效果

01 选中火球外光图层，在"效果和预设"面板中搜索"色调"，双击"色调"特效，如图 7-3-10 所示。

图 7-3-9

图 7-3-10

02 在"效果控件"中设置"将黑色映射到"为橘黄色（#FFAB37），如图 7-3-11 所示。

6. 为火球外光图层添加 CC Vector Blur 特效

01 在"效果和预设"面板中搜索 CC Vector Blur，双击 CC Vector Blur 特效，如图 7-3-12 所示。

02 在"效果控件"中设置 Amount 为 100，如图 7-3-13 所示。

图 7-3-11

图 7-3-12

7. 为火球外光图层添加"发光"特效

01 在"效果和预设"面板中搜索"发光"，双击"风格化"效果组下的"发光"特效，如图 7-3-14 所示。

图 7-3-13

图 7-3-14

02 按【P】键展开"位置"属性，设置"位置"属性数值为（521，300），如图 7-3-15 所示。

图 7-3-15

至此，火球外光图层的特效制作完毕，画面效果如图 7-3-16 所示。

图 7-3-16

8. 新建纯色图层

选择"图层"→"新建"→"纯色"命令，命名为"火球内光"，设置颜色为"黑色"，如图 7-3-17 所示。

9. 为火球内光图层添加"分形杂色"特效

01 在"效果和预设"面板中搜索"分形杂色"，双击"杂色和颗粒"效果组下的"分形杂色"特效，如图 7-3-18 所示。

02 在"效果控件"中设置"对比度"为 200，"亮度"为 16，展开"变换"选项组，设置"缩放"值为 20，如图 7-3-19 所示。

图 7-3-17

图 7-3-18

图 7-3-19

03 将时间轴调整至 0:00:00:22 帧的位置，设置"演化"为 0x+0°，单击"演化"前的码表按钮添加关键帧，如图 7-3-20 所示。

图 7-3-20

04 将时间轴调整至 0:00:02:22 帧的位置，设置"演化"为 2x+0°，如图 7-3-21 所示。

图 7-3-21

10. 使用"椭圆工具"在火球内光图层绘制正圆蒙版

01 使用"椭圆工具"，按住【Shift】键在火球内光图层中绘制正圆蒙版，如图 7-3-22 所示。

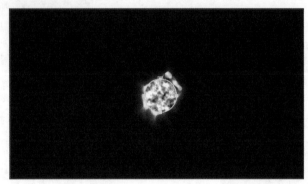

图 7-3-22

02 设置"蒙版羽化"为（60，60），如图 7-3-23 所示。

图 7-3-23

03 将时间轴调整到 0 秒，按【S】键展开缩放属性设置其值为（0，0），单击"缩放"前的码表按钮设置关键帧，如图 7-3-24 所示。

图 7-3-24

04 将时间轴调整至 0:00:02:22 帧的位置，设置"缩放"属性的值为（60，60），如图 7–3–25 所示。

图 7–3–25

11．为火球内光图层添加 CC Vector Blur 特效

01 在"效果和预设"面板中搜索 CC Vector Blur，双击 CC Vector Blur 特效，如图 7–3–26 所示。

02 在"效果控件"中设置 Amount 为 8，如图 7–3–27 所示。

图 7–3–26

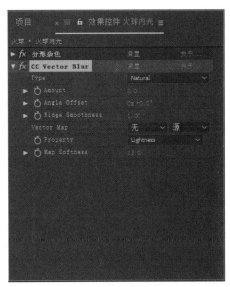

图 7–3–27

12．为火球内光图层添加"色调"效果

01 选中火球内光图层，在"效果和预设"面板中搜索"色调"，双击"色调"特效，如图 7–3–28 所示。

02 在"效果控件"中设置"将黑色映射到"为橘黄色（#F1D669），如图 7–3–29 所示。

13．为火球内光图层添加"发光"特效

01 在"效果和预设"面板中搜索"发光"，双击"风格化"效果组下的"发光"特效，如图 7–3–30 所示。

图 7-3-28　　　　　　　　　　　　图 7-3-29

02 在"效果控件"中设置"发光半径"为 34，如图 7-3-31 所示。

图 7-3-30　　　　　　　　　　　　图 7-3-31

03 删除"背景层"图层，如图 7-3-32 所示。

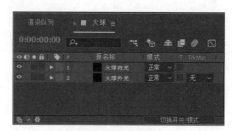

图 7-3-32

14. 新建"总合成"合成

01 选择"合成"→"新建合成"命令，命名为"总合成"，设置宽度为1024px，高度为576px，持续时间为5秒，"背景颜色"为白色，如图7-3-33所示。

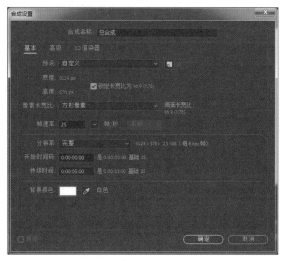

图 7-3-33

02 在"项目"面板中拖动背景图片和"火球"合成到"总合成"中，并适当调整火球位置，如图7-3-34所示。

图 7-3-34

至此，"魔法师的火球"特效全部完成，按小键盘上的【0】键或空格键可以预览整体效果。

 知识与技能

（1）发光：该特效是在图像中查找亮度区域后，将亮度区域的像素加亮，并在周围产生发光效果。

◎ Glow Base On（发光基于）：选择发光特效使用的通道。

◎ Glow Threshold（发光阈值）：定义图像中的明亮区域，100%表示完全不发光（即没有明亮区域），0%是完全发光（即整个图像全部都是明亮区域）。

◎ Glow Radius（发光半径）：设置发光特效影响的范围。

◎ Glow Intensity（发光强度）：设置发光特效的强度值，过大的值会出现曝光的效果。

◎ Composite Original（合成原始项目）：与原始图像的合成方式。"顶端"是指将发光特效加在原图像之上；"后面"是指发光特效和原始图像叠加之后，再模拟出背光的效果；"无"是将发光特效从原始图像上分离出去。

◎ Glow Operation（发光操作）：设置发光的混合模式。

◎ Glow Colors(发光颜色)：用来设置发光的颜色模式。共有 3 种模式："原始颜色"是标准发光模式，也是默认模式；"A 和 B 色"是通过对颜色 A 和颜色 B 的控制来定义放光特效，默认情况下颜色 A 是白色，颜色 B 是黑色；任意映射是通过调整图像的色度级别来产生发光特效。

◎ Color Looping（颜色循环）：选择发光颜色的循环模式。当在"发光颜色"选项中选择"A 和 B 色"模式时，该选项的设置才起作用。

◎ Color Loops（颜色循环）：设置发光特效的发光圈数，默认数值在 1 ~ 10 之间，最大值不能超过 127。

◎ Glow Dimensions（发光维度）：该选项用来设置发光特效的方向。

（2）Fractal Noise（分形杂色）：Fractal（分形）是基于一个基本形状而在不同的缩放值上不断重复的形状；Noise（杂色）是一系列随机的像素。Fractal Noise 是基于一系列随机的形状，而在不同的缩放值上不断重复的形状的组合，常用来模拟云雾、水波、火焰、木纹、大理石等自然材质。

◎反转：勾选这个选项，分形杂色的黑白信息就会颠倒，即白变黑，黑变白。

◎亮度和对比度：调节分形杂色对应的亮度和对比度。

◎溢出：改善分形杂色的黑白信息，一共有 3 种类型：剪切、柔和固定、反绕。

◎变换菜单。

◎旋转和位移：这里的旋转和位移不是针对整个图层的，它和直接在图层窗口中打开的变换是不同的。这里的变换针对的是这个滤镜效果本身而言的，是分形杂色这个效果本身的旋转和位移，而不是图层的旋转和位移。

◎偏移（湍流）：是在分形杂色中经常要做的关键帧动画属性之一，随着噪波的移动，会产生关键帧动画，这样就会形成流动的云雾、水波、动态的火焰等等效果。

◎复杂度：参数越小，画面越粗糙，参数越大，画面越细致。

◎子设置：可以进一步对一些参数进行相应的调整。

◎演化：在分形杂色比较常用的第二个关键帧动画之一，应用这个属性之后，分形杂色的黑白信息将会发生演变，澡波不断变化。

项 目 小 结

本项目介绍了 After Effects CC 2018 的常见动漫特效的制作。通过本项目的学习，可以利用 CC Particle World（CC 粒子仿真世界）结合其他特效为视频添加丰富多彩的动漫效果。

能 力 提 升

为素材添加高级闪电特效，效果如图 7-4-1 所示。

图 7-4-1

项目八

综合实例的制作

本项目主要讲解 After Effects CC 2018 的影视特效，其中包含了一个较为完整的影视特效案例，通过学习此案例可掌握电影、电视中常见特效的制作方法和技巧。

能力目标

◎ 能利用抠像、遮罩、混合模式等功能制作常见影视特效。

◎ 能对多个视频进行编辑，剪辑出一段完整视频并制作简单的转场特效。

素质目标

◎ 培养学生热爱校园文化。

◎ 培养学生制作过程的科学性、严谨性。

任务 制作校园宣传片

任务 制作校园宣传片

 任务描述

本任务将分别制作三段特效视频，最后剪辑成一段完整的视频，并进行渲染输出。

学习目标

◎能使用图层出入点编辑、剪辑一段完整视频。

◎能利用透明度等特效制作简单的转场效果。

◎能使用 Keylight 控件进行简单抠像。

◎理解工作区的概念。

◎掌握视频渲染的方法。

制作校园宣传片视频

方法与步骤

制作合成 1 视频

1. 导入素材

01 选择"文件"→"导入"→"文件"命令，打开"导入文件"对话框，打开"素材"文件夹，将素材全部导入，此时素材会添加到项目面板中，如图 8-1-1 所示。

02 单击"项目"面板中的"新建文件夹"按钮，创建"素材"文件夹，将所有素材移动到"素材"文件中，如图 8-1-2 所示。

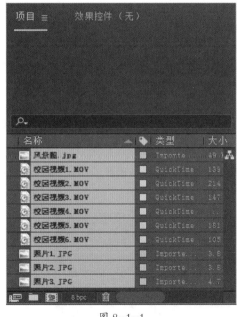

图 8-1-1

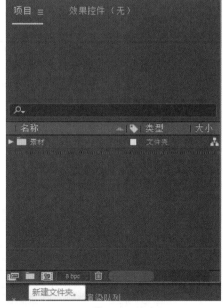

图 8-1-2

2. 新建合成

选择"合成"→"新建合成"命令，命名为"合成 1"，设置预设为 HDTV 1080 25，宽度为 1920px，高度为 1080px，持续时间为 13 秒，如图 8-1-3 所示。

图 8-1-3

3. 将素材"校园视频 1"导入"合成 1"中

01 在"项目"面板中拖动"校园视频 1.mov"到"合成 1"合成中,并将光标调整至 0:00:07:00 帧的位置,按【Alt+[】组合键选取入点,如图 8-1-4 所示。

图 8-1-4

02 按【Home】键调整光标至 0 秒位置,按【[】键将校园视频 1 图层的入点对齐至光标位置,如图 8-1-5 所示。

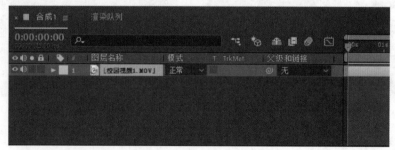

图 8-1-5

4. 裁剪校园视频 1 图层为两层

将光标调整至 0:00:05:07 帧的位置,按【Ctrl+Shift+D】组合键,裁剪"校园视频 1"

图层为上下两层，如图 8-1-6 所示。

图 8-1-6

5. 将素材"校园视频 2"导入"合成 1"中

01 在"项目"面板中拖动"校园视频2.mov"到"合成 1"合成中，并将光标调整至 0:00:05:07 帧的位置，按【Alt+[】组合键选取入点，如图 8-1-7 所示。

图 8-1-7

02 将光标调整至 0:00:12:00 帧的位置，按【Alt+]】组合键选取出点，如图 8-1-8 所示。

图 8-1-8

6. 调整图层顺序及入点

01 将"校园视频 1"的后半部分调整至顶层，如图 8-1-9 所示。

图 8-1-9

02 将光标调整至 0:00:03:00 帧的位置，选中"校园视频 2"图层，使用【 [】键将"校园视频 2"图层的入点对齐至光标位置。将光标调整至 0:00:07:15 帧的位置，选中"校

园视频 1"的后半部分图层，使用【] 】键将"校园视频 1"的后半部分图层入点对齐
至光标位置，如图 8-1-10 所示。

图 8-1-10

7. 制作校园视频 1、2 的转场效果

01 选中"校园视频 1"的前半部分图层，按【 T 】键打开不透明度，将光标调整
至 0 秒位置，调整不透明度属性为 0%，单击不透明度前的码表按钮设置关键帧。将
光标调整至 0:00:01:00 帧的位置，调整不透明度属性为 100%，此时系统会自动添加
关键帧，如图 8-1-11 所示。

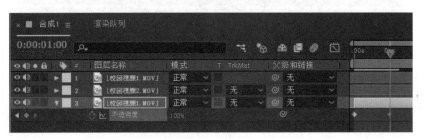

图 8-1-11

02 选中"校园视频 2"图层，按【 T 】键打开不透明度，将光标调整至 0:00:04:00
帧的位置，调整不透明度属性为 0%，单击不透明度前的码表按钮设置关键帧。按
【 Shift+S 】组合键打开缩放属性，调整缩放属性为（180，180），单击缩放属性前
的码表按钮设置关键帧。将光标调整至 0:00:05:00 帧的位置，调整不透明度属性为
100%，将光标调整至 0:00:07:00 帧的位置，调整缩放属性为（100，100），如图 8-1-12
所示。

图 8-1-12

8. 将素材"照片 1"导入"合成 1"中

在"项目"面板中拖动"照片 1.jpg"到"合成 1"合成中，并将光标调整至 0:00:07:15
帧的位置，使用【] 】键将"照片 1"图层入点对齐至光标位置。按【 P 】键打开位置属

性，调整图片位置属性为（781，288），如图 8-1-13 所示。

图 8-1-13

9. 对"照片 1"进行抠像

01 选中照片 1 图层，选择"效果"→"抠像"→"Keylight（1.2）"命令，并在左侧效果控件中，使用 Screen Colour 后面的吸管工具，吸取画面中绿色背景部分，如图 8-1-14 所示。此时画面效果如图 8-1-15 所示。

图 8-1-14

图 8-1-15

02 在"效果控件"中，展开 Screen Matte 属性组，调整 Clip Black 属性为 30，Clip White 属性为 85，如图 8-1-16 所示。

图 8-1-16

10. 为"校园视频 1"的后半部分图层设置轨道遮罩

选择"校园视频 1"的后半部分图层，设置轨道遮罩为 "Alpha 遮罩"。若无轨道遮罩选项，可单击时间轴下方的"切换开关 / 模式"进行切换，如图 8-1-17 所示。此时画面效果如图 8-1-18 所示。

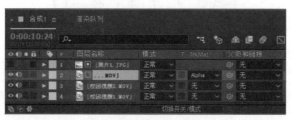

图 8-1-17

图 8-1-18

11. 复制"照片 1"图层并绘制人物脸部遮罩

01 选中"照片 1"图层，按【Ctrl+D】组合键复制图层，并打开复制图层前的眼睛按钮，如图 8-1-19 所示。此时画面效果如图 8-1-20 所示。

图 8-1-19

图 8-1-20

02 选择钢笔工具，绘制人物脸部遮罩，如图 8-1-21 所示。

图 8-1-21

03 单击"照片 1"图层前的三角按钮，展开"蒙版"属性，设置蒙版 1 的蒙版羽化为 104，设置蒙版 2 的蒙版羽化为 84，如图 8-1-22 所示。

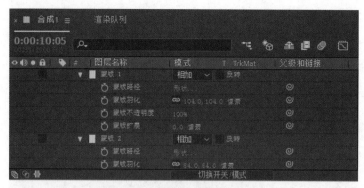

图 8-1-22

12. 再次复制图片 1 图层，并设置蒙版羽化

01 选中"照片 1"图层，按【Ctrl+D】组合键复制图层，如图 8-1-23 所示。

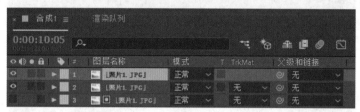

图 8-1-23

02 单击新复制的"照片 1"图层前的三角按钮，展开"蒙版"属性，设置"蒙版 1"的蒙版羽化为 50，设置"蒙版 2"的蒙版羽化为 100，如图 8-1-24 所示。

图 8-1-24

13. 新建纯色图层

01 选择"图层"→"新建"→"纯色"命令，设置颜色为白色，如图 8-1-25 所示。

图 8-1-25

02 将"白色 纯色 1"图层拖到"校园视频 1"图层下方，如图 8-1-26 所示。

图 8-1-26

03 选中"白色 纯色 1"图层，将光标调整至 0:00:07:15 帧的位置，按【Alt+[】组合键选取入点，如图 8-1-27 所示。

图 8-1-27

14. 合并 5 个图层为多重曝光合成

01 同时选中时间轴中前 5 个图层，如图 8-1-28 所示。

02 右击，选择"预合成"命令，打开"预合成"对话框，命名为"多重曝光 1"，选中"将所有属性移动到新合成"复选框，如图 8-1-29 所示。

图 8-1-28

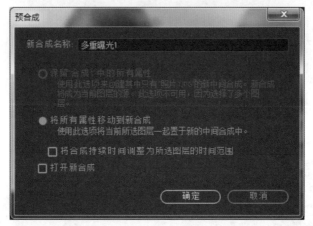

图 8-1-29

15. 设置多重曝光 1 与校园视频 2 之间的转场特效

01 将光标调整至 0:00:08:00 帧的位置，选中"多重曝光 1"图层，按【T】键展开不透明度属性，设置不透明度属性为 0%，单击不透明度属性前的码表按钮设置关键帧；选中"校园视频 2"图层，按 T 展开不透明度属性，单击"不透明度"左侧的记录关键帧按钮，在当前时间点设置关键帧，如图 8-1-30 所示。

图 8-1-30

02 将光标调整至 0:00:09:00 帧的位置，调整"多重曝光 1"图层不透明度的属性为 100%，此时系统会自动添加关键帧；调整"校园视频 2"图层的不透明度的属性为 0%，此时系统会自动添加关键帧，如图 8-1-31 所示。

图 8-1-31

至此，"合成1"的特效全部完成，按小键盘上的【0】键或空格键可以预览整体效果。

制作合成2视频

1. 新建合成1

选择"合成"→"新建合成"命令，命名为"多重曝光2"，设置预设为 HDTV
1080 25，宽度为 1 920 px，高度为 1 080 px，持续时间为 10 秒，如图 8-2-1 所示。

图 8-2-1

2. 将素材"照片2"导入"多重曝光2"合成中

在"项目"面板中拖动"照片2.JPG"到"多重曝光2"合成中。按【S】键打开
缩放属性，取消缩放属性的约束比例，调整缩放属性为（−153，153）。按【P】键
打开位置属性，调整位置属性为（380,2278），如图 8-2-2 所示。

图 8-2-2

3. 对"照片 2"进行抠像

01 选中照片 2 图层，选择"效果"→"抠像"→"Keylignt（1.2）"命令，并在左侧效果控件中，使用 Screen Colour 后面的吸管工具，吸取画面中绿色背景部分，如图 8-2-3 所示。

02 在"效果控件"中，展开 Screen Matte 属性组，调整 Clip Black 属性为 30，Clip White 属性为 80，如图 8-2-4 所示。

图 8-2-3

图 8-2-4

4. 将素材"风景图"导入"多重曝光 2"中

在"项目"面板中拖动"风景图 .jpg"到"多重曝光 2"的底层。按【P】键打开位置属性，调整位置属性为（640，840）；按【S】键打开缩放属性，调整缩放属性为（240，240）；按【R】键打开旋转属性，调整旋转属性为 180°，如图 8-2-5 所示。

图 8-2-5

5. 为风景图设置轨道遮罩

选择"风景图"图层，设置轨道遮罩为 Alpha，如图 8-2-6 所示。若无轨道遮罩

选项，可单击时间轴下方的"切换开关/模式"进行切换。此时画面效果如图 8-2-7
所示。

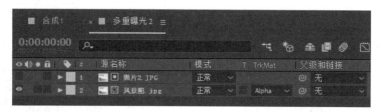

图 8-2-6

6. 用钢笔工具对风景图绘制蒙版

01 选中"风景图"图层，使用钢笔工具绘制蒙版，如图 8-2-8 所示。

图 8-2-7

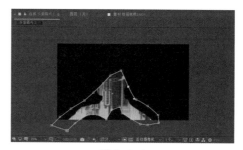

图 8-2-8

02 展开"风景图"图层蒙版属性，设置蒙版羽化为 60 像素，如图 8-2-9 所示。

7. 复制"照片 2"图层并绘制人物脸部遮罩

01 选中"照片 2"图层，按【Ctrl+D】组合键复制图层，并打开复制图层前的眼
睛按钮，如图 8-2-10 所示。此时画面效果如图 8-2-11 所示。

图 8-2-9

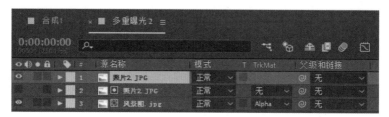

图 8-2-10

02 选择钢笔工具，绘制人物脸部遮罩，如图 8-2-12 所示。

图 8-2-11

图 8-2-12

03 单击"照片 2"图层前三角按钮，展开"蒙版"属性，设置蒙版羽化为 50，如图 8-2-13 所示。

图 8-2-13

8. 为"风景图"设置位移特效

将光标调整至 0:00:00:17 帧的位置，选中"风景图"图层，按【P】键打开位置属性，单击位置属性前的码表按钮设置关键帧；将光标调整至 0:00:05:07 帧的位置，调整位置属性为（955，773），此时系统会自动添加关键帧，如图 8-2-14 所示。

图 8-2-14

9. 为复制的"照片 2"图层添加"曲线"特效

选中复制的"照片 2"图层，选择"效果"→"颜色校正"→"曲线"命令，添加曲线特效。在左侧效果控件中，调整曲线形状，改变颜色。曲线形状如图 8-2-15 所示。

10. 新建纯色图层

01 选择"图层"→"新建"→"纯色"命令，设置颜色为白色，如图 8-2-16 所示。

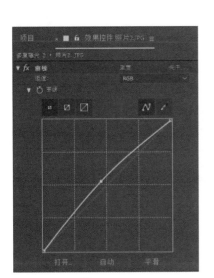

图 8-2-15

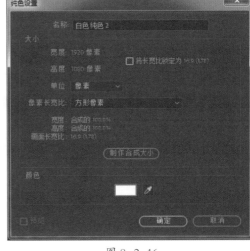

图 8-2-16

02 将"白色 纯色 2"图层拖至图层最下方，如图 8-2-17 所示。

图 8-2-17

11. 新建合成 2

选择"合成"→"新建合成"命令，命名为"合成 2"，设置预设为 HDTV 1080 25，宽度为 1 920 px，高度为 1 080 px，持续时间为 16 秒，如图 8-2-18 所示。

图 8-2-18

12. 将素材"校园视频 3"导入"合成 2"中

01 在"项目"面板中拖动"校园视频 3.mov"到"合成 2"合成中，并将光标调整至 0:00:02:15 帧的位置，使用【Alt+[】组合键选取入点，如图 8-2-19 所示。

图 8-2-19

02 按【Home】键调整光标至 0 秒位置，按【[】键将"校园视频 3"图层的入点对齐至光标位置，如图 8-2-20 所示。

图 8-2-20

13. 将素材"校园视频 4"导入"合成 2"中

01 在"项目"面板中拖动"校园视频 4.mov"到"合成 2"合成中，并将光标调整至 0:00:05:10 帧的位置，按【Alt+[】组合键选取入点，如图 8-2-21 所示。

图 8-2-21

02 按【Home】键调整光标至 0:00:03:00 帧的位置，按【[】键将"校园视频 4"图层的入点对齐至光标位置，如图 8-2-22 所示。

图 8-2-22

14. 将素材"多重曝光 2"导入"合成 2"中

01 在"项目"面板中拖动"多重曝光 2"到"合成 2"合成中，并将光标调整至 0:00:06:00 帧的位置，按【 [】键将"多重曝光 2"图层的入点对齐至光标位置，如图 8-2-23 所示。

图 8-2-23

02 修改"多重曝光 2"图层的混合模式为"屏幕"，如图 8-2-24 所示。

图 8-2-24

15. 调整"合成 2"的工作区域结束位置

将光标调整至 0:00:11:00 帧的位置，按【 N 】键调整工作区结束位置为当前时间，如图 8-2-25 所示。

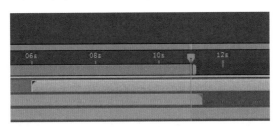

图 8-2-25

至此，"合成 2"的特效全部完成，按小键盘上的【 0 】键或空格键可以预览整体效果。

制作合成 3 视频

1. 新建合成

选择"合成"→"新建合成"命令，命名为"合成 3"，设置预设为 HDTV 1080 25，宽度为 1 920 px，高度为 1 080 px，持续时间为 16 秒，如图 8-3-1 所示。

2. 将素材"校园视频 5""校园视频 6"导入"合成 3"中

01 在"项目"面板中拖动"校园视频 5.MOV"到"合成 3"合成中，如图 8-3-2 所示。

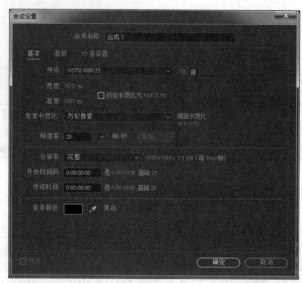

图 8-3-1

图 8-3-2

02 在"项目"面板中拖动"校园视频 6.MOV"到"合成 3"合成中，将光标调整至 0:00:06:00 帧的位置，按【Alt+[】组合键选取入点，如图 8-3-3 所示。

图 8-3-3

03 选择"校园视频 6"图层，将光标调整至 0:00:03:00 帧的位置，按【[】键将"校园视频 6"图层的入点对齐至光标位置，如图 8-3-4 所示。

图 8-3-4

04 选择"校园视频 6"图层，按【P】键打开"位置"属性，调整为（972，628），按【S】键打开缩放属性，调整"缩放"属性为（121，121）%，如图 8-3-5 所示。

图 8-3-5

3. 将素材"照片 3"导入"合成 3"中

在"项目"面板中拖动"照片 3.JPG"到"合成 3"合成中，按【P】键打开"位置"属性，调整为（744，692），按【S】键打开"缩放"属性，调整为（46，46）%，如图 8-3-6 所示。

图 8-3-6

4. 对"照片 3"进行抠像

01 选中"照片 3"图层，选择"效果"→"抠像"→"Keylight（1.2）"，并在左侧"效果控件"中，使用 Screen Colour 后面的吸管工具，吸取画面中绿色背景部分，如图 8-3-7 所示。

02 在"效果控件"中，展开 Screen Matte 属性组，调整 Clip Black 属性为 30，Clip White 属性为 80，如图 8-3-8 所示。

图 8-3-7

图 8-3-8

03 修改"照片 3"图层的混合模式为"屏幕",如图 8-3-9 所示。此时画面效果如图 8-3-10 所示。

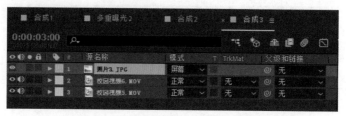

图 8-3-9

图 8-3-10

5. 调整"照片 3"图层入点

选择"照片 3"图层,将光标调整至 0:00:03:00 帧的位置,按【Alt+[】组合键选取入点,如图 8-3-11 所示。

图 8-3-11

至此,"合成 3"的特效全部完成,按小键盘上的【0】键或空格键可以预览整体效果。

制作总合成视频并渲染影片

1. 新建合成

选择"合成"→"新建合成"命令,命名为"总合成",设置预设为 HDTV 1080 25,宽度为 1 920 px,高度为 1 080 px,持续时间为 30 秒,如图 8-4-1 所示。

2. 将"合成 1"、"合成 2"和"合成 3"导入总合成中

01 在"项目"面板中拖动"合成 1"、"合成 2"和"合成 3"至"总合成"中，如图 8-4-2 所示。

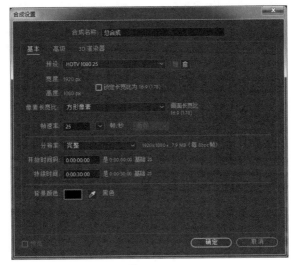

图 8-4-1

图 8-4-2

02 将光标调整至 0:00:11:00 帧的位置，选择"合成 2"图层，按【 [】键将"合成 2"图层的入点对齐至光标位置；将光标调整至 0:00:20:00 帧的位置，选择"合成 3"图层，按【 [】键将"合成 3"图层的入点对齐至光标位置，如图 8-4-3 所示。

图 8-4-3

3. 设置"合成 1"与"合成 2"之间的转场特效

01 将光标调整至 0:00:11:10 帧的位置，选中"合成 1"图层，按【 T 】键展开不透明度属性，单击不透明度属性前的码表按钮设置关键帧；选中"合成 2"图层，按【 T 】键展开不透明度属性，设置不透明度属性为 0%，单击不透明度属性前的码表

按钮设置关键帧，如图 8-4-4 所示。

图 8-4-4

02 将光标调整至 0:00:12:10 帧的位置，调整"合成 1"图层的不透明度为 0%，此时系统会自动添加关键帧；调整"合成 2"图层的不透明度为 100%，此时系统会自动添加关键帧，如图 8-4-5 所示。

图 8-4-5

4. 设置"合成 2"与"合成 3"之间的转场特效

01 将光标调整至 0:00:20:10 帧的位置，选中"合成 2"图层，按 T 展开不透明度属性，单击"不透明度"左侧的记录关键帧按钮，在当前时间点设置关键帧；选中"合成 3"图层，按 T 展开不透明度属性，设置不透明度属性为 0%，单击不透明度属性前的码表按钮设置关键帧，如图 8-4-6 所示。

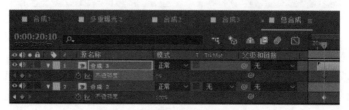

图 8-4-6

02 将光标调整至 0:00:21:10 帧的位置，调整"合成 2"图层的不透明度为 0%，此时系统会自动添加关键帧；调整"合成 3"图层的不透明度为 100%，此时系统会自动添加关键帧，如图 8-4-7 所示。

图 8-4-7

5. 调整"总合成"的工作区域结束位置

将光标调整至 0:00:26:00 帧的位置，按【N】键调整工作区结束位置为当前时间，如图 8-4-8 所示。

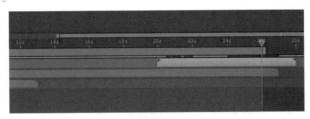

图 8-4-8

至此，"总合成"的特效全部完成，按小键盘上的【0】键或空格键可以预览整体效果。

6. 输出"总合成"视频文件

01 选择"合成"→"添加到渲染队列"命令，或按【Ctrl+M】组合键，打开渲染队列对话框，如图 8-4-9 所示。

图 8-4-9

02 单击"输出模块"右侧的"无损"文字部分，打开"输出模块设置"对话框，在格式下拉菜单可以选择渲染输出格式，此处选择 AVI 格式，如图 8-4-10 所示。

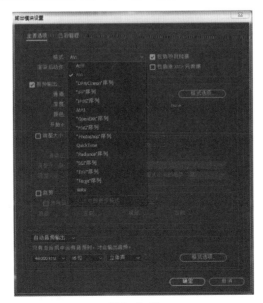

图 8-4-10

03 单击"输出到"右侧的文件名称文字部分（总合成 .avi），打开"输出影片到"对话框，选择输出文件的存放位置。输出路径设置完毕后，单机"渲染"按钮，开始渲染影片，渲染过程中"渲染队列"面板上的进度条会走动，渲染完毕后会有提示音，如图 8-4-11 所示。

图 8-4-11

04 渲染完毕后可以在设置的输出文件夹中找到该 AVI 格式的文件，双击文件可以在浏览器中播放。

 知识与技能

（1）工作区：制作的视频有时并不需要将全部内容输出，此时可以通过设置渲染工作区的范围，以输出需要的部分。

◎设置当前时间为工作区域开始位置，快捷键为【B】。

◎设置当前时间为工作区域结束位置，快捷键为【N】。

（2）【Ctrl+Shift+D】组合键：将选中的素材按当前的时间轴为分界，然后切开，分为前半部分和后半部分。

（3）Keylight 控件：蓝、绿幕抠像键控插件，这个插件同时有许多用来侵蚀、柔化、去点等处理遮罩的工具，以备不时之需。正有调色、溢光处理、边缘校正等工具用来微调结果。

◎ View: 选择输出结果。

◎ Screen Colour：即要替换掉的颜色，蓝绿屏用吸管去吸相对应的颜色即可。

◎ Screen Gain：抠像以后，用于调整 Alpha 的暗部区域的细节。

◎ Screen Balance：此参数会在单击抠像以后自动设置数值。蓝屏数值一般在 0.95 左右效果最佳，绿屏数值在 0.5 左右得到的效果最佳。

◎ Alpha Bias：透明度偏移，可使 Alpha 通道像某一类颜色偏移。

◎ Screen Pre-Blur：模糊。当原素材有噪点时，可以用此选项来模糊掉太明显的噪点，从而得到比较好的 Alpha 通道。

◎ Clip Black：去除 Alpha 暗部，用于调整 Alpha 的暗部。

◎ Clip White：去除 Alpha 亮部，用于调整 Alpha 的亮部。

◎ Clip Rollback：用于恢复由于调节了以上两个参数以后损失的 Alpha 的细节。

◎ Screen Dilate：类似于 Erode 节点，可以扩大和收缩 Alpha。常用于配合得到 inside mask。

◎ Screen Softness：柔化 Alpha。常用于配合得到 inside mask，或者噪点太明显时进行软化。

◎ Screen Despot Black：当 Alpha 的亮部区域有少许黑点或者灰点时（即透明和半透明区域），调节此参数可以去除那些黑点和灰点。

◎ Screen Despot White：当 Alpha 的暗部区域有少许白点或者灰点时（即不透明和半透明区域），调节此参数可以去除那些白点和灰点。

◎ Replace Colour：颜色替换。

项 目 小 结

本项目介绍了 After Effects CC 2018 的常见影视特效的制作，通过本项目的学习，可以利用抠像、遮罩、混合模式等功能制作出丰富多彩的影视特效。

能 力 提 升

为素材添加抠像特效，并合成视频，效果如图 8-5-1 所示。

图 8-5-1